中公文庫

知的機動力の本質

アメリカ海兵隊の組織論的研究

野中郁次郎

中央公論新社

はじめに

クラウゼヴィッツの「戦争は政治の延長である」という命題を是とするならば、戦争は人類の歴史と共にあり、近い将来なくなることはない。軍隊にとっての至上命題は「勝つ」こと、あるいは少なくとも「負けない」組織であることだ。戦争を直視し、研究し、それに備えることは世界の常識である。しかし、わが国は戦後、現実を直視しない「非武装中立」という、戦争忌避イデオロギーとポピュリズムの下に、戦争と軍隊の理論的研究を怠ってきた。

私は、経営学・組織論の研究者として数十年、数え切れないほどの組織を研究してきたが、アメリカ海兵隊ほど興味深い組織に出遭ったことがない。三〇年以上にわたって強い関心を持ち続け、アメリカ海兵隊の雑誌『マリーン・コー・ガゼット』（*Marine Corps Gazette*）や海兵隊リーダーとの面談を通じて、「勝つ組織」とは何かを模索してきた。

きっかけは、一九八四年に上梓した『失敗の本質』（現中公文庫、一九九一年）に結実した研究であった。この本では、「なぜ日本（軍）は負けたのか？」を六つの作戦あるいは戦いの事例分析を通じて組織論的に明らかにし、日本軍を破った米軍は「未来の環境に対して自らの目標と構造を主体的に変えることのできる組織」であったが、日本軍は過去の成功体験に過剰適応し「自己革新組織」たりえなかった、と結論づけた。その研究の過程で、とりわけガダルカナル作戦で日本軍の次元と異なる戦いをしたアメリカ海兵隊に興味をいだき、一九九五年に『アメリカ海兵隊』（中公新書）を上梓し、「自己革新組織」の要件を明らかにした。

軍事組織は、陸軍、海軍、空軍で構成されるというイメージが一般的である。加えて海兵隊という組織を保有する国もあるので、アメリカ海兵隊は海軍の歩兵部隊というイメージを持つ人が多いかもしれない。かつて日本軍にも「海軍陸戦隊」という組織があり、主として太平洋の日本軍基地の防御に当たっていた。

アメリカ海兵隊も、設立以来、そのような組織として生き永らえてきたが、日本との太平洋戦争を契機に、今日では世界唯一の、陸・海・空を統合した、世界最強の攻撃部隊に変身した。太平洋戦争を軍事作戦的に見ると、日本軍は米海軍・海兵隊の「フロム・ザ・シー」（海から陸へ）の概念《コンセプト》に負けたと言っても過言ではない。日本軍の主要基地が一つひとつ奪取され、最終的にB－29爆撃機の往復爆撃を可能にしたマリアナ諸島の占領によって事実上敗戦したのだ。

アメリカ海兵隊の独自能力は、陸・海・空一体の遠征即応能力であり、世界のいかなる場所でもアメリカの危機が発生した場合には、大統領が直ちに派遣できる、世界唯一の自己完結型の即応戦闘部隊である。

本書では、『アメリカ海兵隊』の組織論的分析をさらに深めて、これまで進めてきた知識経営の「組織的知識創造理論」という研究成果をアメリカ海兵隊に応用した。単なる応用でなく、「知的機動力」（Knowledge Maneuverability）という新しい概念《コンセプト》を提示する。それは、リーダーのみならず組織成員一人ひとりが現実の市場や技術などの環境変化と組織の動きを感じ取り、組織のビジョンやゴールに向かって組織やその構成単位が常に正しい方向に進んでいるかを適時適切に判断しつつ、戦略や戦術をダイナミックに変えながら組織的に行動していく、ということである。

なぜ軍事組織を研究するのか？　第一に、軍事組織は、特に真っ先に戦場に赴くアメリカ海兵隊は、国の命運や組織成員である兵士の命が文字通り懸かっているので、勝つ組織を目指して絶えず自己革新しながら進化しており、組織論的にも興味深い研究対象だということである。

第二に、日本では沖縄での海兵隊員の不祥事によりアメリカ海兵隊に悪いイメージを持つ人もいると思われるが、私は軍事組織を否定的にとらえてはいない。私は安全保障に関しては現実主義者である。特に、東アジアにおいて中国の軍事力が急激に膨張し、北朝鮮の核ミサイルの脅威が現実のものになってきた状況では、同盟関係にある日本とアメリカが協力しながら危機に対処するしか、日本の採るべき道はないと考える。「安全保障と経済は車の両輪であり、いささかでも安全保障が危機に瀕《ひん》すれば、市場経済は一挙に崩壊する」とはゼロ戦の名パイロットの坂井三郎氏が生前、私に直接残した言葉である。その危機に対処するために即応体制にあるのがアメリカ海兵隊なのである。そのようなアメリカ海兵隊を偏見なく理解してもらいたいということである。

　軍隊の存在意義についてダグラス・マッカーサーは、一九六二年にアメリカ陸軍士官学校での学生への別れの演説の中で次のように言っている。「君たちは戦争挑発者ではない。反対に、兵士は他の誰よりも平和を希求する。なぜならば、戦争で最も深い傷を負って苦しむのは兵士だからである」と。また、戦闘の心理学を研究したデーヴ・グロスマンは、アメリカ独立戦争の英雄で初代アメリカ大統領のジョージ・ワシントンの「平和を望む者は戦争に備えなくてはならない」という言葉を引用しながら、消防士が火事について学び精通するように、平和戦士は戦闘について学び、それに精通しなくてはならない、と述べている[*1]。

　第三に、アメリカ海兵隊がこれからの組織のあり方を示唆しているのではないか、と考えているからである。アメリカ海兵隊は、屈強なイメージではあるが、同時にきわめて知的である。アメリカ海兵隊が体現している「知的機動力」こそが激動する二十一世紀の

「知識社会」でイノベーションによって新しい知識と価値を創造し続ける組織に必須の能力だ、と私は信じている。組織の特性をよく見ると、日本企業はアメリカ海兵隊に共通する点が多い。

例えば、暗黙知を共有することで言葉を使わずにわかりあえることを重視している点である。アメリカ海兵隊の『ウォーファイティング』は次のように述べている。「われわれの指揮の哲学はまた、暗黙的に意思疎通《コミュニケート》する人間の能力を活用しなければならない。暗黙的コミュニケーション——お互いを理解し合い、言葉の使用をよくわかった重要なものだけにとどめ、あるいはさらにお互いの考えていることを察し合うことのほうが、コミュニケーションの手段としては、詳しい明示的な指令を使うよりもっと速くて効果的であると信じる」と（本書二七〇頁）。海兵隊員は、そのような潜在能力としての暗黙知を入隊後のブート・キャンプや常時世界を回遊し、リアルな戦闘、災害・人道支援、自国民救出作戦を行う海兵遠征隊を通じて体得すると同時に、徹底的に知的対話と実験を通じて形式化し、組織的に共有・蓄積し、卓越性を無限に追求する専門的職業意識《プロフェッショナリズム》を究めようとしている。デジタル革命のただ中で、人間中心主義《ヒューマン・セントリック》のデジタル化《デジタリゼーション》にこだわっているのである。

日本は人口減少社会になったので経済成長できない、経済成長は必要ない、などと言う悲観主義者《ペシミスト》がいるが、私は日本企業の潜在能力を全開させ、「賢く戦う」（Fighting Smart）ことに挑戦し続ければ、日本経済はまだまだ高質な成長ができると信じている。そのためにも、日本企業はイノベーションに挑戦し続けなければならない。海兵隊はくり返し存在意義を問われて組織存続の危機に瀕しながらも、戦略や組織、技術にイノベーションを起こすことで存続し続けてきた。

海兵隊は太平洋戦争初期における強力な日本軍との戦いから徹底的に学んで海兵隊の原型を作ったのであり、自らを「アメリカン・サムライ」と呼び、宮本武蔵の『五輪書《ごりんのしょ》』を機動戦の一部に取り入れたほどであった。しかし、それは単に日本化（Japanization）したのではなく、日本人や日本的組織の長所を学んで、アメリカ人やアメリカの組織の強みと総合することで、われわれを超えて最強の軍事組織と呼ばれるようになったのである。日本企業は、日本的組織の強みと弱みを自覚しながら、最強の軍事組織に進化したアメリカ海兵隊に学んで、二十一世紀の自己革新組織を創り出してほしい。

知的機動力の本質　目次

知的機動力の本質——アメリカ海兵隊の組織論的研究

第I部　アメリカ海兵隊の知的機動力

第1章　海兵隊の歴史概観

アメリカ合衆国海兵隊（United States Marine Corps）、通称 Marine Corps《マリーン・コー》のイメージは、海兵隊のマスコット「ブルドッグ」に擬人化されたリーダー、つまり海兵隊の神髄を体現している第一線の士官や下士官であろう。太平洋戦争の映画『硫黄島《いおうじま》の砂』（一九四九年）のジョン・ウェインや義和団の乱を描いた『北京の55日』（一九六三年）のチャールトン・ヘストンを思い出す人もいるだろう。しかし、すべての海兵隊員が筋骨隆々の屈強な男たちと考えるのは適当ではない。海兵隊は多様な人間のるつぼであり、ほとんどの隊員は平均的なアメリカ人の体格で、対話をすれば幅広い知性の片鱗《へんりん》を見せてくれる。

実際、二十世紀の陸上戦の五大戦術革新は次のとおりであるが、そのうち海兵隊が開発した革新の概念《コンセプト》が三つも含まれている[*1]。

①機甲電撃戦：ドイツ国防軍のハインツ・グデーリアンが装甲部隊を創設、対仏戦で実

施

②空挺襲撃：アメリカ陸軍のビリー・ミッチェル将軍が考案、ドイツ軍が対仏戦で実施

③水陸両用強襲：アメリカ海兵隊アール・H・エリス少佐が考案、対日戦で実施

④近接航空支援：アメリカ海兵隊が開発、ニカラグアの内戦で実施

⑤空中機動（ヘリコプター）強襲：アメリカ海兵隊が「垂直包囲」として前線の後方の決定的地点に部隊を輸送、朝鮮戦争で実施

このように、アメリカ海兵隊は歴史的に戦術概念や技術面での革新を遂げてきたが、その革新を可能にした組織はどのような組織目的や戦略、システムを創造あるいは適応してきたのか、組織論的見地からもたいへん興味深い。

今日、アメリカ海兵隊の歴史やその自己革新からわれわれが学ぶべきものは、組織的な「機動力」(Maneuverability) であろう。本章では、まず海兵隊における自己革新の歴史を概観しよう。[*2]

創設から揺籃の時代まで——艦上勤務から前進基地の防衛

海兵隊は、アメリカ独立戦争が始まって間もない一七七五年十一月十日に創設された。本国のイギリス海軍に海兵隊という組織が所属するのを真似して急遽《きゅうきょ》設立されたので、

米軍独自の考え方があったわけではない。

設立まもない頃の募兵活動は、海兵隊の生誕地とされるフィラデルフィアのタン・タバーンという居酒屋で始められた。海兵隊といっても一般には知られていないため、酒場で泥酔させた上で入隊のサインをさせて連れて行ったという逸話もあるくらいだ。初代の海兵隊総司令官はサミュエル・ニコラスという居酒屋の経営者であり、他の将校も職人や商人の出身で、兵の大半も移民だった。戦闘についての知識に長《た》けている者は、ほとんどいなかった。

対英独立戦争の八年間では、海軍所属の歩兵部隊としての艦上勤務、小規模上陸作戦（ニュー・プロビデンス島のイギリス軍弾薬集積拠点へのボート襲撃など）、陸軍支援の陸戦（将軍ジョージ・ワシントン指揮のトレントンやプリンストンでの戦闘など）という三つの使命を遂行した。しかし、参加した戦闘はいずれも補助的で、特筆されるような戦果をあげることはなかった。

創設から一九〇〇年以前までの木造帆船時代における海兵隊の主要な使命は、「艦上勤務」であり、船内秩序・規律と安全の維持であった。当時の水兵は、映画にもなった『戦艦バウンティ号の叛乱《はんらん》』（一九三五年）にも描かれているように、荒くれ者が船内でラム酒などの盗みを働いたり、叛乱を起こしたりすることがあったため、その取り締まりや安全維持を行う警察官としての役割が海兵隊に期待されたのである。ほかには、海上戦闘においてマストの見張り台から敵軍指揮官を狙撃したり、敵艦に接触したときには乗り移って斬り込み攻撃を行ったりした。また陸上戦闘では、水兵とともに小規模な上陸作戦を行った。

しかし、警察的な役割を果たしながら絶えず監視の目を光らせる海兵隊は、水兵からは好ましく思われていなかった。また、海軍や陸軍にとって海兵隊は、予算配分上の脅威であった。さらに海軍将校の間では、海兵隊は艦上勤務の海兵隊指揮官ではなく海軍の艦長の令下に服すべきではないか、という主張もあった。

さらに、十九世紀後半に蒸気エンジンと蒸気タービンが発明され、鋼鉄艦が採用されるようになると、より知的な近代海軍の水兵が多くを占めるようになっていった。規律の維持は不可欠ではなくなり、水兵を監視していた海兵隊はむしろ水兵の士気を下げるという理由から、時代錯誤だという議論が起こった。また、鋼鉄艦になったことにより、マストから小銃で狙撃したり、敵艦接触時の攻撃で先鋒を務めるといった役割もなくなり、海兵隊不要論が擡頭《たいとう》してきた。

このように海兵隊は創立当初より、その存在意義を問われ続けていたのである。同時に、他の軍種に比べて常に少数であることが求められたため、自然と「特別《スペシャル》な部隊」という一種のエリート意識も芽生えつつあった。

海兵隊の任務についての論争を経て、一九〇九年には海兵隊の使命が海軍条例に盛りこまれた。それは、艦上勤務、前進基地防禦《ぼうぎょ》、陸・海軍の支援、国内外の合衆国国民・財産の保護、外国部隊の訓練などに特定された。なかでも一九三〇年頃までの主たる任務は、外国における政治的紛争の収拾や前進基地の防禦であった。

一八九八年の米西戦争の勝利によって世界的地位を確保したアメリカは、セオドア・ローズベルト大統領のいわゆる「大棍棒《こんぼう》外交」を背景に、中央アメリカ諸国の「バナナ戦争」や中国の義和団の変などに対して、政治的ならびに軍事的介入を行うようになった。軍事介入は、最初は地中海やカリブ海における海賊鎮圧から始まったが、その地域の政府が無力である場合、アメリカの利権保護を名目に、人民に不人気の現地政権を支えるために請われて発動する場合が最も多かった。その結果、海兵隊は「アメリカ帝国主義の尖《せん》兵《ぺい》」と批判されたり、「ウォール・ストリートの警察隊」というあだ名をつけられたりもした。しかし、これらの経験から「海兵隊小規模作戦マニュアル」（一九三五年）が開発され、戦争のレベルとしては現在世界的な安全保障の課題となりつつある対叛乱（ＣＯＩＮ：Counterinsurgency）への対応指針の原型となった。

さらに米西戦争の結果、アメリカが強大な海軍国として擡頭すると、艦隊作戦に必要な前進基地の確保と防禦が急速に重要性を増していった。そうした背景から、海兵隊の主な使命は、艦上勤務から前進基地の防禦へと変わっていった。これは海兵隊の主体的な戦略によって変えたというよりも、海軍内部での論争から生まれた変化であった。

この間に海兵隊は、小規模ながら回数としては陸軍を上回る実戦経験を積んで、二つの「特別な」能力を獲得した。一つは、経験豊富なプロ集団としての下士官群（NCOs：Non-Commissioned Officers）の出現である。陸軍とは異なり、平時になっても急激な人員の削減がなかったので、じっくりと兵卒から叩《たた》き上げたリーダー群、典型的には「ガニー」と呼ばれる一等軍曹（Gunnery Sergeants）が育成された。彼らは、若い士官を補佐するとともに、ベテラン戦士として若い海兵隊員のロール・モデルとなった。もう一つは、正確な射撃と肉弾戦に強いライフルマンを組織的に育成する能力を構築したことである。

第一次世界大戦――陸軍の支援部隊

一九一四年七月二十八日、第一次世界大戦が勃発した。当時のウッドロー・ウィルソン大統領は理想主義的外交を掲げ、当初はアメリカの中立を宣言し、参戦を見送っていた。しかし、ドイツの潜水艦による無差別攻撃作戦の宣言を受けて、一九一七年四月六日に参戦する。ウィルソン大統領は、イギリスとフランスの要請に基づき、建国以来最大規模の海外遠征部隊の派遣を決定し、陸軍大将ジョン・パーシングを最高指揮官に任命した。

第一二代海兵隊総司令官ジョージ・バーネットは、これを機に海兵隊の規模と戦力の拡大を図るため、パーシング将軍と陸軍参謀の反対にもかかわらず、二個連隊で構成された六〇〇〇人の海兵一個旅団を誕生させた。こうして誕生した海兵隊第四旅団であったが、与えられた役割はあくまでも「陸軍支援部隊」という補助的任務であった。海兵隊員は、パーシング将軍と陸軍参謀が海兵隊を軽く見ていると憤慨《ふんがい》し、実戦で必ず成果を見せてやると出番を待っていた。

一九一八年五月三十日、ドイツ軍がパリまで五〇キロメートルと迫ったとき、ドイツ軍の猛攻に後退を余儀なくされていたフランス軍の支援のために、ついに海兵隊に出動命令が下った。陸軍がやりたがらない不利な仕事を引き受けた海兵隊は、帆船時代以来磨いてきたライフル術を駆使して敵指揮官を狙撃、フランス軍を支援し、最後には肉弾戦でベローの森の奪還に成功した。そのあまりのしぶとさに、ドイツ兵は海兵隊を「魔犬《トイフェルフンデ》」と呼び、パーシング将軍は「世界で一番脅威の兵器は海兵隊員と彼のライフルである」と語った。海兵隊の働きに感激したフランス国会は、海兵隊の武勲を称えて七月四日を祝日と決定し、フランス軍首脳はベローの森を「海兵旅団の森」と呼べと命じた。しかし、賞賛を独り占めした海兵隊を陸軍側はこころよく思わなかった。

この間に海兵隊は、飛行隊の創設という、海兵隊の将来にとってきわめて重要となる基盤づくりを行った。それは、一九一二年春に第一一代海兵隊総司令官ウィリアム・P・ビドルが、前進基地防御に飛行機を利用することを考え、二人の将校をパイロット訓練のために海軍士官学校に派遣したことである。そのうちの一人のアルフレッド・A・カニンガム大尉は、ライト兄弟が飛行機を開発した直後から飛行に魅せられており、海兵隊初のパイロットとなって、その後一九一七年には海兵飛行中隊を創設した。その当時、欧州では第一次世界大戦が激化していて、航空機を爆撃と地上攻撃に使用しようと考えていた陸軍は、海軍と海兵隊がその分野に参入することに反対した。そのために、海軍と海兵隊は飛行機の活用目的をドイツ軍の潜水艦攻撃への偵察・攻撃に限定せざるをえなかった。

兵員規模を約七万五〇〇〇人にまで成長させた海兵隊は、存在意義を疑問視されながらも、このような第一次世界大戦の武勲によって存在価値を獲得したかのように見えた。

第二次世界大戦——水陸両用作戦へ

海兵隊の第一次世界大戦における任務は、あくまでも陸軍支援のための陸戦参加であり、海兵隊の存在が認められたのは一過性のものだった。

一九二一年十一月十二日のワシントン軍縮会議において、主力艦の比率がアメリカとイギリス各五、日本三、フランスとイタリア各一・六七に決定された。アメリカは、ウォレン・G・ハーディング大統領のもとで軍縮政策を採っていた。さらに、西太平洋のマリアナ、カロリン、マーシャル諸島は日本の委任統治領となり、アメリカの軍事的優位性は大戦前よりむしろ低下した。アメリカはグアムとフィリピンに前進基地を持っていたが、そこへのルートの側面には日本の委任統治領があった。日本軍がこれらの諸島に前進基地をつくった場合、太平洋西部におけるアメリカ海軍の優位性は大きく損なわれる恐れがあった。

それでも、一九二〇年から三〇年にかけて、アメリカ合衆国と帝国日本の間で戦争が起こることを予期した人は政治家も含めてほとんどおらず、皆があり得ないと考えていた。一九二二年のワシントン軍縮条約は、アメリカ海軍に現役艦艇の近代化と建造中の艦艇の改造を強要した。巡洋艦をサラトガとレキシントンの空母に改造したのがそれである。

このような背景のなかで、アメリカ海軍・海兵隊は、一九二〇年から三〇年代にかけて、海軍大学を中心に、空母の戦い方を図上演習（ウォーゲーム）、艦隊演習、士官教育などで徹底的に研究した。そこから生まれたのが、高速空母の攻撃力と機動力によって従来の大鑑巨砲主義をはるかに超える独立した攻撃部隊の構想と、海兵隊が生みだした前進基地を奪取する水陸両用作戦を支援する艦艇の開発である。

図上演習は、空母の戦い方の本質的理解に大きく貢献した。戦術的には、空母の機動力は、艦隊決戦のような「艦砲の動力学《ダイナミクス》」の消耗戦ではなく「空力の脈動《パルス》」であり、甲板《かんぱん》上の航空機を一回あたりいかに多く発艦させ、着艦後の再攻撃準備をいかに早くできるかが勝負となる消耗戦なのだ。一九二九年から三四年にかけて行われた艦隊演習は、空母ないし空母機動部隊が独立した戦闘単位たりうると指摘した。とりわけ、艦隊演習は図上演習の教訓を強化し、敵空母に対して先手の一撃を与えることの重要性を証明した。後のミッドウェー海戦でこの教訓が生きることになる。さらに、艦隊演習は、指揮官の希望的観測ではなく、徹底した実証に基づいて正直に評価された。演習後の評価会には、多くの若手下士官も参加させ、異なる階級間の多様なアイデアと概念の交換が促進された。重要なことは、演習の評価が指揮官の人事に結びつけられ、上級指揮官の更迭さえも行われたことである。第二次世界大戦終了後、チェスター・ニミッツ元帥は、太平洋で生起した事柄は戦争後半のカミカゼ特攻以外、ほとんどシミュレーションどおりであったと述懐している。[*3]

一方、アメリカ海兵隊には、このような事態を変化の好機ととらえ、逆転の発想で海兵隊の使命を革新しようと試みたリーダーがいた。最も先見的なシナリオを描いたのが、海兵隊幕僚であった奇才アール・Ｈ・エリス少佐である。彼は、海兵隊が対峙《たいじ》することになる将来の危機を予見し、革命的かつ実践的なアイデアをいくつも提示するなど多大な功績を残した。[*4] 日米開戦になれば、アメリカ艦隊は太平洋を渡り、ハワイ、グアム、フィリピンの前進基地を防禦しつつ、日本が保有する前進基地を奪取しながら進攻していかなければならない。中国、日本を訪問し、フィリピン駐屯経験のあるエリスは、そのプロセスを見抜いて、軍事史上最も先見的であるといわれる研究論文「ミクロネシアにおける前進基地作戦」を書いた。その論文は、第一三代海兵隊総司令官ジョン・Ａ・レジューンによって、一九二一年七月に作戦計画７１１Ｄとして正式承認された。

エリス少佐は、上記論文の中で太平洋地域の地政学的状況に着目し、戦争が起きた場合、島嶼《とうしょ》における敵前強行上陸こそが海兵隊にとって最も重要な任務になると主張した。さらに彼は、日本を近い将来の敵として論じ、真珠湾攻撃の二〇年も前に太平洋方面の戦争は日本軍の急襲で始まることを予見した。さらに、予想される日本の前進基地との戦いに対応するべく、アメリカはマーシャル、カロリン諸島を一直線に北上し、日本本土を叩くべきであると主張した。

彼はこの戦略的な作戦を遂行するために、「水陸両用作戦」（Amphibious Operations）という新しい概念を提唱した。これは、上陸部隊が軍艦からの海上支援と飛行機による航空支援を受けながら敵地海岸に上陸し前進基地を奪取する作戦であり、海上戦、上陸戦、陸戦、空中機動戦、そして航空戦の戦術を採用した陸空海の複合的な統合作戦である。つまり水陸両用作戦という概念は、水中破壊チーム、海岸設営隊、艦砲射撃、信号隊、航空爆撃支援といった下位の概念から構成されており、前進基地奪取の戦術と技法の指針を提供するものである。

彼の主張の革新性は、前進基地の防御ではなく、逆に奪取する攻撃的な「水陸両用作戦」こそが、海兵隊の新たな使命《ミッション》であると提唱したことである。さらに彼は、「水陸両用作戦」は、陸軍、海軍と海兵隊を統合する作戦となるため、各軍をどのように調整し統合するか、綿密な計画と現場での臨機応変な対応が重要である点も指摘した。

現代でもなお、太平洋において地理が重要命題となることに変わりはない。その複雑な地政学的状況を利用し軍事的擡頭を続けている中国の存在に鑑みても、エリス少佐の分析は今なお妥当である。エリスが予見した太平洋戦争時代の日本の戦略は、今日で言えば、米軍の自由な軍事的行動を阻害しようとする中国の軍事戦略である「接近阻止・領域拒否」（Ａ２／ＡＤ：Anti-Access/Area Denial）にあたるものだ。特に南シナ海の地政学的かつ軍事的状況がエリスの時代と呼応する現在、水陸両用作戦はアメリカにとって有効な戦闘概念の一つである。

水陸両用作戦に似た考え方は昔からあったが、実際の近代戦史上では、大規模な水陸両用作戦が行われたことはほとんどない。唯一の事例は、第一次世界大戦時のイギリスの海軍大臣ウィンストン・チャーチル起案によるガリポリ半島上陸作戦であったが、これは水陸両用作戦の概念が未熟だったために完全な失敗に終わった[*5]。

水陸両用作戦などは不可能だという空気が流れるなか、エリス少佐たちはガリポリ半島での失敗を教訓に、攻撃的な水陸両用作戦という概念を、実戦を通じて継続的に発展させていった。幸いにも、海兵隊独自の存在意義がないことに危機感をいだいていたレジューン海兵隊総司令官は、エリス少佐を全面的に支援した。彼は、海兵隊の任務拡大のために政治力を駆使し、議会やホワイトハウスへの積極的な政治活動により、海兵隊の存在意義についての理解の輪を広げていった。また、内部の抵抗勢力に対抗するために、必要に応じて海軍や陸軍とまで手を組んで危機を乗りきった。

エリス少佐の研究論文を基礎に立案され、一九二一年にレジューンによって正式承認された作戦計画711Dは、太平洋戦争における海兵隊の戦略の基本原理となった。また、陸海軍統合会議が承認した「海をもって陸を叩く」という対日作戦「オレンジ・プラン」の基礎ともなっていく。このオレンジ・プランは、二十世紀初頭アメリカが仮想敵国を色で表すいくつかの戦争計画のなかで最も卓越したものであった。それは、公文書というよりも海軍と海兵隊から抜擢《ばってき》された優秀な中堅将校たちが二〇年にわたり、階級に関係なく交わした継続的な議論から生まれた二〇項目以上の提言であり、「海と空の軍事力によって日本軍を打ち破る」という歴史的信条の一つとなって、シミュレーションを通じて海軍・海兵隊将校の遺伝子に組みこまれていった。[*6]

そうした取り組みの結果、一九二七年の陸海軍統合委員会で、上陸軍としての海兵隊の役割が拡大されて、陸軍と同等の機能を果たすとされ、さらに一九三五年には、海軍作戦遂行上必要がある場合には上陸作戦を行うことができると改正された。海兵隊の使命は、受動的な「前進基地の防禦」から水陸両用作戦による能動的な「前進基地の奪取」に変革されたのである。しかし、水陸両用作戦による「前進基地の奪取」という概念は、簡単には実現されなかった。海兵隊内においても第一次世界大戦の陸上戦闘での成功体験が根強く、一九二〇年代後半になっても海兵隊学校のスタッフは第一次世界大戦のドクトリン（軍事行動の指針となる基本原則）にとらわれており、ちなみに、一九一七年二月、前述のカニンガム大尉がビドル総司令官のもとで創設した海兵飛行中隊の任務は基地防衛であった。

その後、上陸作戦の大規模演習やニカラグア内戦での急降下爆撃を含む近接航空支援の経験を経て、水陸両用作戦の課題が明らかになっていく。そして、一九三三年十二月に大きな組織変革が行われた。海兵隊は艦隊の一部に含まれることとなり、艦隊司令官（海軍）の指揮下で戦術行動をとる艦隊海兵隊（Fleet Marine Force）になることによって、海軍と海兵隊が水陸両用作戦に本格的に取り組まざるをえない状況になった。

まず、海兵隊学校のプロジェクトによるカリキュラムの見直しが行われた。海兵隊学校のカリキュラムは、それまでの陸軍に範をとった内容から前進基地の防御と奪取に向けた内容へと改訂された。次に一九三三年十一月、上陸作戦マニュアルの作成のために、海兵隊学校の約七〇人の将校、スタッフ、学生らがテーマ別のチームを編成した。彼らは水陸両用作戦の教義作成とマニュアル化に取り組み、一九三五年七月に「上陸作戦マニュアル草案」を完成させた。そして、マニュアル化と並行して一九三四年以降、教育の重点は座学より実技に置かれ、海兵隊学校の艦隊上陸演習を通じて、水陸両用作戦のドクトリンが細部にわたってテストされ、改良され、共有されていった。陸軍の一部も参加させ、後のノルマンディなどの上陸作戦にも伝播することになる。

水陸両用作戦という概念は、相互に依存しているが内容的に独自の五つの構成要素――指揮系統、艦砲射撃、近接航空支援、上陸行動と海岸確保、兵站《へいたん》――に分解できる。作戦のマニュアル化、訓練、演習と並行して、水陸両用作戦による「前進基地の奪取」という概念のもとに、これらの要素を具現化するための必要な装備の開発も行われた。さらに、海兵航空隊と歩兵は、海兵隊のお家芸となる空陸一体のチーム作戦、すなわち近接航空支援（Close Air Support）の技法を開発していった。

一九四一年十二月八日、日本軍は真珠湾攻撃を行い、太平洋戦争が始まった。エリス少佐の予想どおり、日本軍はグアム島や香港を陥落させ、フィリピン、シンガポール、オランダ領インドネシアを占領した。また、一九四二年一月にはニューギニアの島嶼部ラバウルに進出、三月にはブーゲンビル島を占領し、英国の保護領ソロモン諸島にも侵攻した。

当時の連合軍統合参謀本部では、日本軍を太平洋戦域に押し止めておきつつ、ヨーロッパでのドイツとの戦いをまずは終わらせようという守勢の戦略が採られていた。しかし、アーネスト・J・キング海軍提督はこれに反対し、ソロモン諸島攻略を統合参謀長会議で押し通して、一九四二年八月七日のガダルカナル島攻撃開始が決定された。このガダルカナル上陸作戦では、日本軍守備隊は少なく、無血上陸となった。ガダルカナル島の戦いは、主に上陸後の日本軍との陸上戦闘であり、その後の日本陸海軍の総攻撃によってすべてを失う一歩寸前までいきながらも、アレキサンダー・A・ヴァンデグリフト少将率いる海兵第一師団と海軍は勇敢にふんばり、陸戦におけるはじめての勝利を手にした。海軍にはシービー（Seabee、海のハタラキバチ）という建設大隊があり、つるはし、もっこの帝国海軍設営隊とは異なり、ブルドーザー、パワー・シャベル等を主要装備とし、短期間で飛行場を完成させた。ガダルカナルの制空権を確保したことが、海兵隊の優位を決定づけ、無敵日本軍の神話を打ち砕いた。同時に海兵隊は、一九四二年末までに日本軍に対する効果的な戦い方のノウハウを修得し、「以降、合衆国海兵隊の向かうところ敵なし」（From that time on, United States Marines were invincible.）と海兵隊戦史に書かしめるほどになっていく。

その後の米軍の侵攻計画は、日本軍にコレヒドールから追われ「アイ・シャル・リターン」と宣言したダグラス・マッカーサー陸軍大将のフィリピン奪回をめざす南西太平洋作戦と、キング海軍提督の主張するサイパン・グアム・テニアンのマリアナ諸島から日本への直接爆撃を企図する中部太平洋作戦が対立しつつ進行した。パイロットと空母艦長の経験を持つ攻撃的なキング提督のマリアナ奪取と空軍（当時は陸軍所属）の開発したボーイングB－29「空の要塞《スーパー・フォートレス》」長距離重爆撃機による日本本土空襲は、フィリピンや中国大陸から長駆日本を侵攻するよりは効率的かつ効果的であり、優れた戦略的洞察であった。そもそも、「オレンジ・プラン」の基本構想は、勇猛な日本軍を相手にアジア大陸や日本本土で戦う陸軍的発想ではなく、米海軍の「海から陸へ」（フロム・ザ・シー）、すなわち海空力で太平洋諸島に点在する日本軍の前進基地を奪取して海上封鎖により日本に降伏を強いるというものであった。[*7]

ガダルカナルを始めとする南太平洋方面作戦に続いて、中部太平洋方面作戦が展開された。ここでは、作戦の性質も地勢によって大きく状況に依存するものであった。雨が多く、ジャングルがあり、シュロの木があり、白い砂浜が続くといった南太平洋方面の地勢とはまったく異なり、中部太平洋方面では孤立した小島が連なって、強固な環礁に守られていたり、強力な守備隊が駐留したりしているといった状況であり、奇襲攻撃や欺瞞《ぎまん》作戦の成功する可能性も低かった。このような特徴を持つギルバート諸島のタラワ島が、海兵隊が作成した「上陸作戦マニュアル草案」に基づく本格的な敵前強襲作戦を実践する場となった。海兵隊は、一九四三年十一月二十日からタラワ島で日本軍と戦い、大きな損害を被りつつも、二十三日には占領した。そこから、一九四四年七月九日マリアナ諸島のサイパンを、八月十一日グアムを占領、十一月二十四日パラオ諸島ペリリュー島を制圧、そしてB-29がサイパンから日本本土への長距離爆撃を開始したのは、一九四四年十一月末のことであった。

こうして海兵隊は、ガダルカナル、タラワ島などにおける個々の戦闘を通じて水陸両用作戦のドクトリンを実践し、失敗を次の戦闘に活かしていった。例えば、タラワ島の戦いからは、事前の砲爆撃の効果を確認すること、珊瑚礁《さんごしょう》を乗り切れる上陸用装甲車を必要とすることを教訓とした。さらに、着岸直前には近距離砲撃が必要であること、これを統制する水陸両用指揮艦が必要であることなどを学び、装備品の開発・改良、マニュアルの変更を行った。海軍とともに海兵航空隊が花開いたのは、太平洋諸島における近接航空支援であり、チャンスボートF4Uコルセア、グラマンF4F、F6F戦闘機、ノースアメリカンB-25ミッチェル双発爆撃機を主力とする一大航空戦力に成長した。キング提督は、米陸軍に対抗して、米海軍の艦艇・航空機の圧倒的勢力を日本軍の攻撃に向けた。実際それが影響して、連合軍がヨーロッパに侵攻したノルマンディ上陸作戦のDデイでは、米海軍の派遣はささやかなものに留《とど》まり、大型艦艇の支援は英海軍に依頼したほどであった。さらに、海軍航空隊の航空機は、一九四三年には約七万機となり、米陸軍航空隊、英国航空隊に次いで世界第三位の座を占めていた。さらには、アメリカ海兵隊は、大戦末期に四七万五〇〇〇人、六個師団に達し、対日戦争にその大部分を当てたのである。統合参謀本部は「ドイツ打倒第一主義」で、米軍の太平洋戦域は積極攻勢ではなかったと言われているが、米海軍・海兵隊は艦艇、航空機を含め、その戦闘能力の九五パーセント以上を使って日本を打倒したのである。[*8]

かくして海兵隊は、戦いのたびに水陸両用作戦を洗練し、一九四五年二月に硫黄島に、四月には沖縄への上陸作戦を敢行した。海兵隊の強襲侵攻に対して日本軍は、上陸する海岸で叩く「水際配置」で防衛したが、消耗戦に耐えきれず敗れてきた。しかし、硫黄島における栗林忠道《くりばやしただみち》陸軍中将の指揮下の第一〇九師団は、ペリリューの戦いが示した島の地形を利用する「縦深《じゅうしん》防禦」とゲリラ戦法による持久戦を採用し、太平洋島嶼の攻防で唯一日本軍を上回る損害を海兵隊に与えた。

対日戦の最終段階の沖縄では、海兵隊は県民を巻き込んだ日本軍の悲惨な持久戦を経験することになった。沖縄戦は、米軍が攻撃から包囲に移行した戦いであり、後は海空の攻撃の継続で勝利が確実視できる戦いであった。オレンジ・プランは、「海から陸へ」の強襲上陸作戦を基軸に日本の海・空軍の戦力を倒すという仮定の上に成立していた。

第一次世界大戦のガリポリ上陸作戦の失敗を教訓としつつ、その後の三〇年間で二六回の実践を通じて、水陸両用作戦による「前進基地の奪取」を新たな使命として確立し、そのドクトリンと技法をようやく完成の域に近づけたのである。

太平洋戦争は、太平洋という巨大な空間の地政学をよく理解し、その地政学的なコンテクスト（状況・文脈）の生み出す複雑で不安定なコンティンジェンシー（偶発性）に機動的に適応した側が勝利した。[*9] 結局、ハワイを基地として、太平洋を越えて空母機動部隊と海兵隊を前進基地の奪取に突進させ、今日でいうエア・シー・バトル（空・海戦）で日本本土爆撃を可能にしたことが決め手となったのである。

第二次世界大戦後――朝鮮戦争、ベトナム戦争

第二次世界大戦末期に原子爆弾が実用化されると、その破壊力ゆえに水陸両用作戦自体が不可能になると考えられ、海兵隊不要論が再び擡頭した。核兵器時代に入り、価値が落

ちたとされる陸軍と海兵隊の軍事予算は大幅に削減された。海兵隊は一九四四年の総兵力四七万五〇〇〇人から一九五〇年の七万四〇〇〇人へと激減した。

ドワイト・D・アイゼンハワー元帥は、統合参謀長会議で海兵隊は連隊以下にとどめたほうがよいと述べ、陸軍オマー・N・ブラッドリー大将は、世界で今後、水陸両用作戦は行われないだろう、と議会で言明した。海兵隊の削減を考えていた元陸軍大尉のハリー・トルーマン大統領は、海兵隊シンパの議員に対し、「海兵隊は海軍の警察隊であり、私が大統領でいるかぎりその地位にとどまるであろう。海兵隊のプロパガンダは、スターリンのそれに匹敵する」と答えたほどであった。一九四七年九月十八日、トルーマン大統領は国家安全保障法に署名、陸軍航空隊を陸軍から独立させて、新たに空軍省を設置した。だが海軍・海兵隊の航空部隊は、空母や近接航空支援などとの密接な関係にあることなどからそのまま残された。これは海兵隊にとって幸運なことであった。

一九五〇年六月二十五日、北朝鮮軍が突如越境して韓国に攻撃を加え、朝鮮戦争が勃発した。戦局は不利で、韓国軍と国連軍は釜山《プサン》にまで追いつめられた。このような状況下で、一九五〇年九月十五日ダグラス・マッカーサー元帥の構想した仁川《インチョン》上陸作戦が敢行され、戦局は一時逆転した。太平洋戦争でガダルカナル、ペリリュー、沖縄で戦った第一海兵師団は、九月二十九日ソウルを奪回し、中央庁の北朝鮮の旗を降ろし、アメリカと国連の旗を掲げた。マッカーサーは、「海軍と海兵隊が今朝ほど栄光に輝いたことはなかった」と言った。

朝鮮戦争で仁川上陸作戦と並んで海兵隊の名を高めたのは、十月二十五日に突如参戦した、一〇〇万人に達する中共軍（中国人民解放軍）の重囲攻撃のなかで遂行された、アメリカン・ダンケルクとも言われる長津《チャンジン》湖からの撤退作戦であった。ウォーカー中将指揮下の第八軍が、第二次大戦初頭のフランス軍の崩壊、太平洋戦争初頭のシンガポール陥落時の英軍の潰走にも喩えられた不名誉な撤退だったのに対し、海兵隊は近接航空支援を効果的に展開しつつ、秩序だった名誉ある撤退を行った。

朝鮮戦争は核時代の水陸両用作戦不要論を沈静化させたが、同時に海兵隊は、上陸作戦のための空陸協働の戦法と訓練が結実した朝鮮戦争での経験などから、近接航空支援を基盤とした体系的な空陸統合の思想を、一九五四年に海兵空陸任務部隊（ＭＡＧＴＦ《マグタフ》）という概念として昇華させていくこととなる。海兵隊は、軍事組織としてははじめて、空中機動作戦を可能にする垂直離着陸輸送ヘリコプターを導入し、水陸両用作戦に空陸統合作戦を加えて戦略・戦術の領域《ドメイン》を拡大し、存続を図ったのである。

一九五二年六月、平時の海兵隊兵力は三個師団、三個航空団を保有するものとし、海兵隊総司令官は必要に応じ統合参謀本部に出席できるとする、海兵隊出身のポール・Ｈ・ダグラス上院議員とマイク・マンスフィールド上院議員（後の駐日大使）の提出したダグラス－マンスフィールド法案が承認された。この法は、平時でも一定水準の海兵隊戦力の存在が認められるとともに、海兵隊が陸・海・空軍と並んで独立の軍種であることを意味するものであった。現在の海兵隊は、五〇万人近い規模の陸軍に比べると小規模ではあるが、約二〇万人の常備兵力と約四万人の予備役で構成されている。

ベトナム戦争は、海兵隊の得意とする水陸両用作戦とは異なるタイプの戦いであった。陸軍のウィリアム・ウエストモーランド司令官が主導する米軍戦略は、「索敵・撃滅《サーチ&デストロイ》作戦」であり、消耗戦の概念を基本としていた。海兵隊指導層は、ベトナム戦争の本質は人民戦争にあると見抜き、二つの新しい機能を遂行した。一つは南ベトナムの戦略村への参加であり、もう一つは空中機動戦術の開発である。民生活動の経験は、一九一五年から三三年にかけてのキューバやハイチなどにおける地域政府の国内平定への支援があったが、ベトナム戦争ではベトコン・ゲリラからの村落の保護や防衛という点でさらに広範囲かつ政治的・民生的であった。しかし、正規戦を信奉するウエストモーランドは非軍事的すぎる、科学的経営手法で軍事作戦の効率化を進めたロバート・S・マクナマラ国防長官は時間がかかりすぎるという論理で、さらには強圧的な南ベトナム政府に対する農民の反感によって、ベトナム戦争での支配的作戦にはならなかった。

ベトナムのジャングルと山岳地帯で機動力を発揮するには、空中機動戦術が必要であった。前線のない戦場で、北側の拠点を見つけだして撃破する「索敵・撃滅《サーチ&デストロイ》」式の戦闘では、敵の基地を発見した後は砲兵と航空機の火力支援に任せることとなるからである。この戦略的機動力を発揮するために、朝鮮戦争では兵員・装備の輸送用にすぎなかったヘリコプターを攻撃用として活用することとなった。なかでも、ボー・グエン・ザップ将軍の率いる北ベトナム正規軍七万人と海兵隊六〇〇〇人の、ディエンビエンフー包囲作戦を思わせる一九六八年一月から四か月にわたったケサン攻防戦は、海兵隊ライフルマンの頑強さと空陸一体作戦の成功例であった。ここで、水陸両用は水空陸併用の意味を持つようになったのである。

MAGTFと機動戦の成立

移りゆく時代や環境の要請に対応するために、蓄積した実戦経験と現場での実験をくり返して、遠征に即応できる有事の組織編制として生みだされた知恵の結晶が、海兵空陸任務部隊（MAGTF《マグタフ》：Marine Air-Ground Task Force）である。MAGTF構想の原案は古く、一九六二年に出された海兵隊命令「海兵空陸任務部隊の編成」である。MAGTFとは、指揮部隊のもとに陸上戦闘部隊、航空戦闘部隊、兵站戦闘部隊を組み合わせた統合部隊で、その特徴は高度に専門化した海兵遠征機能にあった。

ベトナム戦争における海兵隊は、ゲリラ戦であるにもかかわらず、ガダルカナルや沖縄の戦いをくり返しているという批判を受け、水陸両用作戦の価値の低下が叫ばれた。一九七五年、海兵隊司令官のルイス・H・ウィルソンは、海兵隊の使命はどうあるべきかについて検討する委員会を発足させた。一九七六年三月、委員会は、海兵隊は特定の一つの戦闘ではなく、全世界どこにでも行くという役割を担うべきであると報告した。

一九八〇年一月、カーター大統領は一般教書演説で「カーター・ドクトリン」を示し、中近東の武力紛争に備え、総数一一万人の緊急展開部隊の計画を発表した。この計画に基づいて、海兵隊の真っ先に戦う（First to fight）という即応力のさらなるシステム化が行われた。ＭＡＧＴＦがさらに洗練されるとともに、それを支援する伝統的な海軍揚陸艦隊に加えて、グローバルな即応部隊（Force in Readiness）として、作戦部隊の大半をＭＡＧＴＦとする組織編成が行われた。

詳しくは後述するが、ＭＡＧＴＦは、戦力規模の異なる海兵遠征軍（ＭＥＦ：Marine Expeditionary Force）、海兵遠征旅団（ＭＥＢ：Marine Expeditionary Brigade）、海兵遠征隊（ＭＥＵ：Marine Expeditionary Unit）で編成されるが、それぞれ常設の司令部を持ち、指揮下に陸上戦闘部隊、航空戦闘部隊、兵站戦闘部隊の諸兵種で編制され独立戦闘能力を有する入れ子型のフラクタル（相似形）組織である。ＭＡＧＴＦは出動する作戦ごとに規模と内容が自由に構成できるので、モジュール形式の部隊でもある。ＭＡＧＴＦは、海軍の揚陸艦隊（ＰＨＩＢＲＯＮ：Amphibious Squadron）と水陸両用グループ（ＡＲＧ）を組み、地球規模の紛争に柔軟かつ迅速に機動展開する。なかでも、恒常的に世界を回遊し地球規模で即応待機ないし作戦遂行しているのは、海兵遠征隊（ＭＥＵ）である。

また、アメリカ海兵隊は「機動戦」（Maneuver Warfare）の概念を他の軍種に先駆けて正式にドクトリンに組み込んでいった。圧倒的な兵力・物量で敵を壊滅する消耗戦に対比する機動戦の概念は、戦闘機F-15とF-16の開発に参加した天才的パイロットのジョン・R・ボイド空軍大佐によって開発された。太平洋戦争における海兵隊の水陸両用作戦は、基本的には消耗戦であった。これに対する機動戦という概念が、水陸両用作戦以来のパラダイム変革を成し遂げた背景にはいくつかの要因がある。第一には海兵隊機関誌『マリーン・コー・ガゼット』で展開した論戦であり、第二は教育訓練カリキュラムを開発したことであり、第三はその浸透に革新的な海兵隊ミドル（士官・下士官）を中心としたリーダー群が貢献したことである。

環境要因も幸いした。一九七〇年代後半の海兵隊は、水陸両用作戦の能力を維持しつつも、大陸で陸上作戦を展開できる新しいドクトリンを真剣に模索していたのである。また、海兵隊員は、ベトナム戦争の戦場での手痛い経験から、よりよい戦い方を渇望していた。八〇年代後半の海兵隊は組織全体が機動戦へ態勢づけられる状況にあった。

さらに、ボイドの機動戦の概念に共鳴し、その推進に貢献した多くの人物がいた。ボイドのアイデアの伝道者であり、機動戦を理論化した民間軍事研究家ウィリアム・リンド、ボイドを水陸両用戦学校に招聘《しょうへい》し、カリキュラムの改革を行ったマイケル・D・ワイリー大佐、その演習に協力した第二海兵師団のG・I・ウィルソンとウィリアム・ウッズ、そして機動戦へのパラダイム変革を支援し、そのドクトリンを一九八九年『ウォーファイティング』として公式に発表したアルフレッド・M・グレイ海兵隊総司令官などの一〇年に及ぶ努力があった。グレイの戦争哲学のもとに、秘書官ジョン・F・シュミット大尉がワイリーらチームの提言を『ウォーファイティング』として起草したが、わずか七七頁のドキュメントは機動戦の本質を見事に凝縮・体系化したものである。[*10]

ほぼ同じ頃、陸軍でも物理的火力中心の消耗戦的な「アクティブ・ディフェンス」（積極防禦）から機動戦を志向する「エア・ランド・バトル」（空・陸戦）への概念の転換が起こっていた。指揮幕僚大学を中心に、敵後方に所在する増援部隊、兵站組織、指揮統制システム等に対する空と陸からの攻撃を重視する戦い方のドクトリンを開発していたのである。陸軍が米国訓練教義司令部の初代司令官ウィリアム・E・デピュイのトップダウン型開発であったのに対し、海兵隊はグレイが海兵隊総司令官になるまでは、公式の中央集権機関が関与しないボトムアップ型開発であった。したがって反論も多く、とりわけ海兵隊独自の水陸両用作戦からシフトすれば陸軍との差別化は困難となり、予算削減に直面するという危惧《きぐ》があった。実際、機動戦への変革は前述した若い指揮官の率先主導《イニシアティブ》で始まり、ベトナム戦争終結から湾岸戦争までの幸運な休戦期間に衆知を結集して議論を戦わせ、最終段階でグレイの海兵隊総司令官就任によって正当化されたのである。

本書第Ⅱ部で訳出した海兵隊ドクトリン『ウォーファイティング』（第三一代海兵隊総司

令官チャールズ・C・クルラック期の第二版、一九九七年）は、海兵隊ドクトリンの全マニュアル体系（全一〇巻）の頂点に位置するもので、グレイ総司令官の序文にあるように、細かな行為の技法や手続きを書いたものではなく、その根底にある概念や価値を戦略論としてとらえた哲学的思想である。したがって、その適用にあたっては各人の判断を必要とする。単なる任務行為のガイダンスではなく、包括的な「考え方」なのである。このマニュアルは戦争と平和、前線と後方を問わず、海兵隊員の任務活動の中核になっている。マニュアルが出版されて以来約二〇年が経過しているが、この間海兵隊は湾岸戦争の「砂漠の剣」作戦、アフガニスタンの「不朽の自由」作戦、「イラクの自由」作戦の三大作戦、その他、数多くの対テロ戦争に参加した。さらに、フィリピンでの台風被害、インドネシアでの地震・津波被害、日本の東日本大震災での「トモダチ」作戦などの人道支援・災害救援活動も含め、すべての作戦で、機動戦の概念が海兵隊のボトムからトップまでの行動の中核となっている。

湾岸戦争以降の海兵隊

ベトナム戦争以降の最大規模の戦いは、一九九〇年八月二日にイラクによるクウェート侵攻をきっかけに始まった湾岸戦争である。一九九一年一月十七日に始まった空からの「砂漠の嵐」作戦から海兵隊の航空部隊が参戦し、空爆が二月二十四日に停止されると同時に、今度は地上軍による「砂漠の剣」作戦が開始された。作戦自体は非常に短く、開始四日後の二月二十八日には停戦命令が出された。海兵隊の空陸機動部隊は、この時点で九万二九九〇名という海兵隊史上最大規模のエア・ランド・バトルを実施した。「砂漠の嵐」作戦から始まった一連の戦闘での死傷者は一一六名（死者二四名、負傷者九二名）という、史上まれにみる低い人的損耗率となった。

海兵隊は、イラク軍のクウェート侵攻の二日後、八月四日には早くもサウジアラビアへの先遣隊の派遣・調整を開始している。海兵隊は八月十五日に四万五〇〇〇人規模の部隊派遣を決めると同時に、第七海兵遠征旅団一万六五〇〇名が現地に向かった。また、紛争の発生可能性が高い地域の近海にあらかじめ兵器・補給品を海上備蓄している第二海上事前集積船部隊（ＭＰＦ）五隻がインド洋ディエゴ・ガルシア島を出航し、彼らの装備と補給物資三〇日分を一週間で運び入れた。

「砂漠の剣」作戦は、米陸軍等との共同作戦となったが、やはり海兵隊ならではの役割を担った。第四海兵遠征旅団（ＭＥＢ）がイラク沖の艦上で待機し、海上から攻撃を行うと見せかける陽動作戦で、イラク軍の一部をその国境付近に釘づけにするとともに、第一海兵遠征軍（ＭＥＦ）が戦線の右翼を突破し、米陸軍主力の多国籍部隊の勝利を確実なものにした。このとき米海兵隊は、一〇〇時間に約一〇〇マイル進軍しつつイラク軍七個師団を撃破し、戦車一〇四〇両、装甲車両六〇八両、火砲四三二門を破壊して、二万二三〇八人を捕虜《ほりょ》にした。海兵隊の犠牲は、死者五名と負傷者四八名であった。

この戦いは、全体としては圧倒的な軍事力で敵を一掃するという米軍の伝統的な物量戦、消耗戦的な発想に基づいて行われた。戦闘の準備にかなりの余裕をもって対応できたことなどから、全体として海兵隊の特性が抜きんでたわけではなかったが、アメリカ四軍のなかで水空陸併用の陽動と機動の特別な存在としてその能力を発揮したことは間違いない。

二〇〇一年九月十一日の同時多発テロを契機としたアフガニスタン紛争、二〇〇三年三月十九日に始まったイラク戦争では、海兵隊の機動戦の特性が湾岸戦争時に比べてより活かされる場が多くなった。湾岸戦争では大勝したアメリカだが、その作戦には推計で八〇〇億ドルの多大な戦費というコストが伴った。作戦の改革ひいては軍の改革が俎上《そじょう》にのぼるのは時間の問題だった。

イラク戦争時のドナルド・ラムズフェルド国防長官や彼の周辺にいる改革論者が行きついた結論は、ハイテク兵器や通信技術システムを活用する、いわゆる「軍事活動における革命」(RMA：Revolution in Military Affairs)的な戦い方である。それは精密誘導兵器による空からの敵の重心へのピンポイント攻撃によって、圧倒的な兵力に依存するのではなく、効率的・効果的な機動戦を展開することであった。

三月十九日、イラク戦争は、湾岸戦争と同様、巡航ミサイルの発射と航空機による空爆によって始まった。その標的は無人機飛行隊など事前の情報収集によって選びぬかれたものであり、イラク軍のレーダー、通信施設、司令部等、機動戦の定番どおり、敵の指揮命令系統を撃滅寸断することを目的としたものだった。そして翌日には、バスラを包囲しているイギリス軍第一機甲師団を尻目に、海兵隊第一師団がユーフラテス河東岸を、アメリカ第三歩兵師団が西岸を進軍した。海兵隊は近接航空支援の精度を高めるために、パイロット出身の前線航空統制官が配置されたので、ジェームズ・N・マティス第一海兵師団長（現国防長官）に「戦争史上において最も航空中心の師団である」と言わしめた。四月七日にはバグダッドをほぼ手中に収め、四月九日にはサダム・フセインの巨大な像を引きずりおろした。最終的には、四月十四日にほぼイラク全土を占領した。

しかし、バグダッドを占領した後には、「スリー・ブロック・ウォー」とも呼ばれる三ブロックの範囲内で友好的市民、暴徒、重武装の敵の見分けがつきにくい市街戦が中心の戦いとなった。この事態に、伝統的な消耗戦志向の陸軍は即応できなかった。軍事的勝利を戦略的勝利につなげるには、戦後処理が最大の試練であり、政・軍・民の協働作業が不可欠であった。ベトナム戦争におけるマクナマラ長官と似て、ラムズフェルド長官の「技術中心軍事革命」も敵を効率的に破壊できても、イラクの地域住民にまぎれた叛乱分子の制圧には失敗した。対叛乱（COIN）作戦のドクトリンは、現場を熟知したデイビッド・H・ペトレイアス将軍とヒューバート・R・マクマスター大佐らによって確立された。[*11]「小規模作戦マニュアル」（一九三五年）以来、海兵隊は都市部における軍事作戦（MOU

Ｔ：Military Operations on Urban Terrain）として、この戦闘形式に順応するための訓練プログラムを設けている。この市街戦プログラムにおいて、「市街戦とは、都市の環境を克服すること」と定義し、民間人への配慮等も含めた現実的な対応が行われている。これらの一環として、市街戦の後には地元民に対する人道的援助も行われ、食料の供給や雇用の創出、学校の建設などさまざまな手段が実施された。

彼らを最も苦しめたのは、即製爆発装置（ＩＥＤ：Improvised Explosive Device）と呼ばれる手製爆弾であった。爆発から身を守るための装甲の強化や装甲車両を配備したところで絶対的な対処方法ではなく、地元の情報を頼りに爆弾の製造者やテロリストを探しだしてこれを捕えるという非常に原始的な方法で対処してきたが、海兵隊は陸軍の開発した最強のＭ１Ａ１戦車に地雷処分用の発射機を搭載した突破強襲車（ＡＢＶ）ブリーチャーでＭＡＧＴＦの機動性を向上させた。

海兵隊のさらなる挑戦

海兵隊は、過去に何度も組織として存亡の危機に瀕《ひん》してきた。それは現在でも変わっていない。とくにテロとの戦いを通して、アメリカ陸海空軍も緊急展開性を重視した編成と装備の重要性を感じ、海兵隊のような遠征軍タイプを導入しはじめており、結果としてまたも海兵隊不要論がくすぶりはじめていることがその理由の一つである。

実際、水陸両用作戦の大規模な実戦は、仁川上陸作戦以来行われていない。一九九〇年以降は、小規模な水陸両用作戦戦闘任務（グレナダ侵攻、ソマリア作戦、アフガニスタン作戦、湾岸戦争の陽動作戦）や非戦闘水陸両用作戦（人道支援活動、大規模災害救援、非戦闘員救出作戦）などが主体であった。イラクやアフガニスタンでは、本来の水陸両用作戦ではなく、機動的な陸上戦闘に従事した。イラク戦闘におけるバグダッド進撃で機動力を発揮したのは、陸軍のブレッドレー戦闘車の三倍の二一人の海兵を収容する揚陸兵器ＡＡＶ７で、時速七二キロメートルの歩兵戦闘車として利用された。しかし、山岳地で市街地も大河もないアフガニスタンでは、ＡＡＶ７は装甲兵員輸送車としても機能しなかった。それでも海兵隊は、近接航空支援、艦砲射撃支援、砲兵の状況適応型火器支援と観測員の情報を統合するデジタル通信網を活用する司令部内の航空支援指揮所と火力支援調整所の指揮・調整能力で機動力を発揮した。

　陸上作戦においては、航空作戦および海上作戦に比べてどうしても人的消耗率が高くなる。そして、戦死者の増加はやがて世論に厭戦《えんせん》的雰囲気を生みだし、作戦や戦闘そのものが政治的に中止に追いこまれたり制限を受けたりすることになりがちである。アメリカの世論には、常に拮抗《きっこう》する二つの動向がある。一方で世界の秩序形成に軍事的に積極的にかかわろうとする「強いアメリカ」を望む世論、他方で他国の紛争や戦争にかかわらない孤立主義的世論である。この孤立主義的世論は、とくに米軍の軍事支出と戦死者数の増加に比例するので、このような世論をできるだけ抑えながら軍事・外交を展開したいというのが政治家と軍人トップに共通の考え方であろう。外交交渉の駆け引きのタイミングや軍事作戦上の攻めどき・引きどきは必ずしも一致しないためである。また、選挙が近い時期においては、政治家にとって参戦は最大のマイナス要因になりかねない。とくに大きな戦争の後は厭戦的な世論が支配するため、戦死者を出す可能性がある大規模の軍事作戦は避けたいのが本音であろう。

二〇〇五年、軍人の最高位である第一六代統合参謀本部議長に、海兵隊出身としてはじめてピーター・ペース海兵隊大将が就任した。また、第三二代海兵隊総司令官ジェームズ・L・ジョーンズ大将はNATO（北大西洋条約機構）最高司令官に、ジェームズ・N・マティス大将はアメリカ中央軍司令官に、それぞれはじめて就任した。このように同盟軍や統合軍の大将級ポストに海兵隊出身者が任命されるのは海兵隊創立以来のことであり、近年の海兵隊の地位向上が顕著に現れている。その後マティス大将（退役）は、二〇一七年、国防長官に就任している。

二〇〇九年、国防長官が議会に提出した「中華人民共和国の軍事力」では、中国人民解放軍の軍事戦略の接近阻止・領域拒否（A2／AD）にいかに対抗すべきかが議論された。このA2／ADは、中国の国力の上昇と相対的にアメリカの国力が衰えるなかで、米中関係悪化と大国としての威厳、さらにはより大きな経済発展のための海洋権益の確保というさまざまな必要要件を総合して考えられたものである。

　中国は、一九九六年の台湾海峡ミサイル危機において、米空母機動部隊によってその軍事的威嚇《いかく》を阻止された結果となったことから、接近する米空母をいかに比較的遠くの地域で妨害し、接近を許しても守るべき地域内でその機動力を麻痺させるかという戦術展開を進めていると言われている。これは、戦略としては「敵を家のなかにいれず、近所で倒す」という古代からの発想や帝国海軍の「漸減作戦」の現代版であろう。

　A2／ADは、中国のミサイル（巡航、弾道、対艦、対空）とそれを発射する潜水艦、水上艦艇、ミサイル基地、爆撃機、戦闘機のプラットフォームや機雷などで米海軍の機動部隊を無力化する、圧倒的に安価なコスト効率のよい戦略である。[*12]

　アメリカ側は、中国軍の主要拠点に対する空海一体の攻撃能力の充実化を提唱している。近年中国軍は、軍事衛星を標的とする衛星破壊兵器の実験を行っているばかりでなく、対象を軍民に限定しないさまざまな形でアメリカに対するサイバー攻撃を行っている。現在、これらへの対抗措置として、アメリカ統合参謀本部の統合作戦アクセス構想（JOAC：Joint Operational Access Concept）とその下位概念のエア・シー・バトル（空・海戦）、さらにはその発展型として陸軍と海兵隊を含めた国際公共財《グローバル・コモンズ》への接近と機動のための統合構想（JAM-GC：Joint Concept for Access and Maneuver in the Global Commons）の研究が続けられている。国際公共財とは、宇宙・サイバー空間・陸・海・空のドメインを指す。したがって、エア・シー・バトルの本質は、五つのドメインの相乗効果を発揮させるクロス・ドメイン・シナジー戦略にある。例えば、サイバー空間で相手の指揮統制機関を麻痺させ、海中あるいは水中からミサイル攻撃をかけて、海兵隊本来の水陸両用作戦を敢行するというような構想である。

もし核を持つ大国間において本格的な軍事衝突が勃発すれば、エスカレートして核戦争に発展する可能性があり、結果として世界の終末を招き、人類の滅亡へとつながりかねない。Ａ２／ＡＤとＪＡＭ-ＧＣの二つの概念は、今後の軍事戦略・戦術の方向性を示すネットワーク・セントリック・ウォー（ＮＣＷ：Network Centric War）であり、今後の米中軍事対立の軍事的な外枠を形成するものである。アメリカは、以前ソ連に対して行ったように、中国を軍拡競争に引き込み消耗させて最終的に勝つという発想が根底にあり、中国はアメリカに劣る軍事技術と兵器数をロングレンジの兵器による抑止効果により牽制《けんせい》し、アメリカより質は劣るが安価な兵器を多量に配備することによって、効率的に優位な軍事的ポジションを確保するという狙いがあるのだろう。

海軍と密接な関係を保ち、独自の空軍力を有し、唯一水陸両用作戦の能力を持っている海兵隊であるが、他軍種とともに新たな使命や作戦をこの国際公共財へのアクセスをめぐる戦いのなかでどう概念化していくのか。現在いくつかの変化の動向がある。

一つはイラク戦争とアフガニスタンで行われたいわゆる「テロとの戦い」の流れを汲《く》む

ものである。今後は局地的な低強度紛争が多くなり、その局地的な紛争、つまり即製爆発装置（IED）やプロパガンダを使った戦争への対応が海兵隊の第一任務になる。アフガニスタンとイラクで地元住民との協調体制を取りつつ、テロリストの排除作戦を遂行した海兵隊である。最近のテロリストは、状況に柔軟に対応し、戦術も一辺倒ではなく巧妙になってきている。最少有効な機動戦を展開することによって、今後も海兵隊の対テロ作戦の役割と経験は重視されるであろう。

さらに、戦闘任務だけでなく、人道支援・災害救援活動も含めて、「戦争以外の軍事作戦」（MOOTW：Military Operations Other Than War）にも幅広く対応する「海兵隊は国家の9－1－1戦力」[*13]（第三〇代海兵隊総司令官カール・E・マンディJr.）とも呼ばれるようになっている。東日本大震災に際して沖縄に駐留する第三一海兵遠征部隊（MEU）が「トモダチ」作戦で大きな貢献をしたことは、われわれも経験したことである。とりわけ、生活インフラが破壊され、完全に孤立した気《け》仙沼《せんぬま》大島の救援活動は、海兵隊の陸空海の上陸作戦能力のみがなしえた偉業であった[*14]。

戦闘は絶えず変化するものであり、それを予測することは不可能と『ウォーファイティング』でも主張している。組織体そのものが、システム的にも人的にも高密度でネットワーク化されている海兵隊は、戦況に応じてリアルタイムに状況分析を行い、適時適切に作戦の微調整を行うことが他の軍隊組織に比して容易である。この特性をさらに活用し、海兵隊に特殊部隊《スペシャル・フォース》としての役割を持たせるという議論が二〇〇〇年以降盛んになっている。特殊部隊を持たない海兵隊の唯一の例外は、中国紅軍八路軍に参加して毛沢東の遊撃戦を体験し、第二次世界大戦のマキン、ガダルカナル島などの攻撃で勇名を馳せたエバンス・Ｆ・カールソン中佐が海兵攻撃隊《マリーン・レイダーズ》を創設したときのみである。そもそも、陸軍のグリーン・ベレー、海軍のシールズに対して、広義の意味では現在の海兵隊全員が大規模な特殊作戦軍団と言えなくもない。

　米軍の行う軍事作戦では、イラク戦争を転機に特殊作戦の割合が急拡大している。二〇〇五年十一月一日、ラムズフェルド国防長官は一九八七年創設の陸海空特殊作戦部隊から成る合衆国特殊作戦軍（ＵＳ・ＳＯＣＯＭ：U. S. Special Operations Command）に海兵特殊部隊を編成し参加させるよう命じた。海兵隊は全組織が特殊部隊とも言われ、独自にさらに優秀な兵士を選抜した武装偵察隊《フォース・リーコン》や偵察狙撃隊《スカウト・スナイパー》などのエリート部隊をすでに持っていたので、渋々これに従い、二〇〇六年二月、海兵隊特殊作戦コマンド（ＭＡＲＳＯＣ：Marine Corps Special Operations Command）が創設された。現実には、合衆国特殊作戦軍の不正規戦の戦闘能力は、アフガン戦争での活躍で第五の軍事組織として海兵隊の存在を脅かすまでになっていたのである。ＭＡＲＳＯＣの総兵力は約三〇〇〇人で、すでに作戦部隊を一〇〇回以上海外に派遣しているが、その多くが軍事顧問団を派遣する外国国内防衛とされている。

二〇一四年十月、ジェームズ・Ｆ・エイモス大将の後を継いで、ジョセフ・Ｆ・ダンフォードJr.大将（当時五十九歳）が第三六代海兵隊総司令官に就任した。彼は、イラク戦争でのニックネームが「ファイティング・ジョー」であるが、同時に政治学と国際関係論の二つの修士号を持つ、海兵隊将校の最も賢い《ブライテスト》リーダーの一人と見られている。

ダンフォードは、就任早々一六頁に及ぶ「プランニング・ガイダンス二〇一五」を発表し、全海兵隊員に内容についてのフィードバックを求めた。そのなかで、今後の演習と実験の重点として、中国軍による接近阻止・領域拒否（Ａ２／ＡＤ）という脅威がある環境において、海軍と共同での能力開発、合衆国特殊作戦軍ＵＳ・ＳＯＣＯＭとの相互運用の強化、シミュレーションとサイバー・ドメインの活用、海軍による新型揚陸艦の開発推移を見ながら高速水陸両用戦闘車の早期配置などを提案するとともに、これを通じて海兵隊が戦術ならびに作戦のイノベーションをリードできる知的エネルギーや創造性を開発・育成する訓練と実験の集中的実施を提言している。

二〇一五年九月、ダンフォード総司令官は第一九代統合参謀本部議長に就任した。二〇〇五年就任の第一六代ピーター・ペース大将に次いで、海兵隊から軍人最高位の職に就くのは二人目である。後任の第三七代海兵隊総司令官には、ロバート・Ｂ・ネラー海兵隊大将が任命されている。

時代のニーズと現場の要求を察知しながら自己変革にコミットし続けてきたことが海兵

隊の最大の強みであった。「自己革新」という海兵隊の組織文化の推進力は、未来に対する脆弱《ぜいじゃく》性の気づきと危機感（sense of vulnerability and crisis）であろう。存続の危機に直面するたびに、新しい使命と戦略・戦術の概念を生みだし、実践を通じて進化してきたのが海兵隊の知的機動力の源泉である。次章では、その知的機動力の構成要素を、第Ⅱ部の『ウォーファイティング』の哲学も紹介しつつ、さらに理論的に探究する。

第2章　海兵隊の組織論的分析

1　環境適応

海兵隊は、「常在戦場」の絶えざる不確実性との闘争をほとんど本能化している。海兵隊が、一方でかたくなに伝統を守りつつ、他方で自らを持続的に変えていく革新性を維持できているのは、その組織本能のためである。

第1章では、海兵隊が水陸両用作戦という新たなパラダイムを開発し、機動戦の概念を採用してそれを錬磨しながら、持続的な自己革新を遂げてきたプロセスを概観した。第2章では、アメリカ海兵隊の自己革新能力の要素を、組織論の「コンティンジェンシー理論」の枠組みを使って分析する。

組織がいかに環境の生みだす情報不確実性に対応するかについて、最も理論的に大きな貢献をしてきたのは、組織論における環境適応理論、すなわちコンティンジェンシー理論である。[*1] コンティンジェンシー理論のモデルは、環境、組織志向、組織構造、成員属性、組織過程の相互作用によって組織有効性（成果）が生まれ、環境と組織志向、組織特性へ

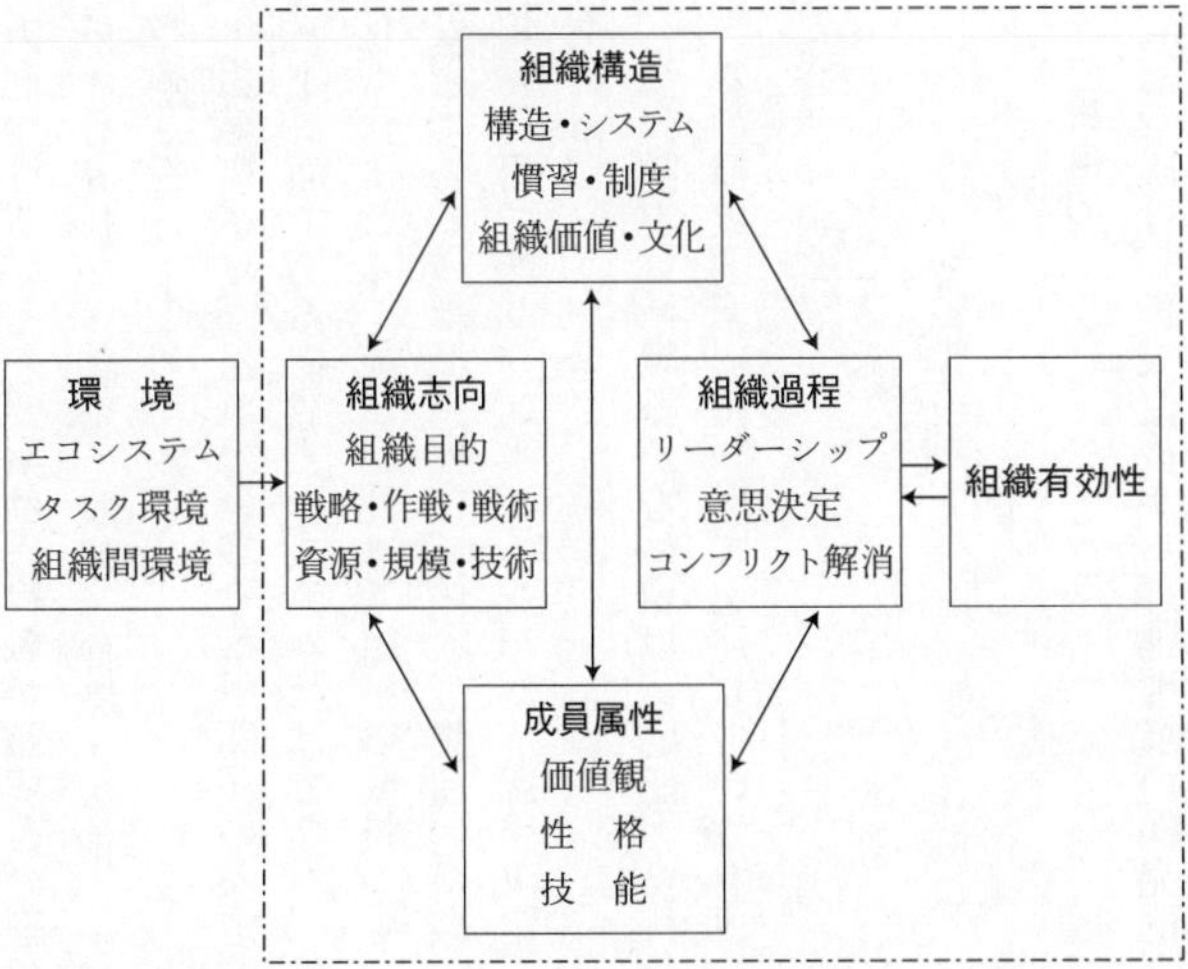

2-1　統合的コンティンジェンシー・モデル
出所：野中他（1978）448頁を一部修正.

のフィードバックのサイクルを通じて、各要素をバランスよく適合させる情報処理能力を構築して環境に適応していく、という考えである（2-1）。

環境は組織との境界を通して組織全体に直接的あるいは間接的に影響をおよぼす。環境には、政治、経済、文化、社会、自然などの広い意味でのエコシステム、組織の意思決定に直接の影響をおよぼす特定のタスク環境（例えば、市場や戦場）、他組織との関係が構成する組織間環境（例えば、提携や同盟）などが考えられる。

また、組織志向は、内部組織と環境との間に介在して内部組織全体を方向づける。その要素は、組織が環境との継続的な相互作用の中で生みだしてきた組織目的・存在価値・使命、戦略・作戦・戦術、それらを可能とする資源的要素（資源・規模・技術など）である。

組織構造は、組織の分業や権限関係の安定的なパターンである。その要素には、組織のハード面である構造・システムだけでなく、成員が共有するソフトな慣習・制度、組織文化も含まれる。成員属性は、組織の成員がもっている個人的あるいは集団的な特質や技能などである。組織過程は、個人、集団、組織、環境をダイナミックに結びつける連続的な相互作用であり、リーダーシップ、意思決定、コンフリクト解消などのプロセスがこれにあたる。

海兵隊という組織がもつ環境適応能力の特色を、この統合的コンティンジェンシー・モデルの構成要素に基づいて記述していこう。

2　組織志向

組織目的

海兵隊は、創設直後から外部環境の偶発的な不測事態に対応しながら、存在価値や使命としての組織目的を変革してきた。その変革の基盤となるのが組織志向である。組織志向は、組織の境界内に存在するが、同時に組織と環境との接合面でもあり、環境変化を組織内に取りこむ「場」でもある。海兵隊が環境と組織志向との相互作用を通じて、組織を束ねる組織目的や存在価値をどのように創造し、環境変化に主体的に適応してきたかについて、第1章で考察した歴史的事実をもとに見ていこう（2-2）。

海兵隊は、アメリカ独立戦争の時に、母国イギリスの軍事組織を手本にして設立された。帆船時代には、艦上警察官や敵艦に遭遇した際の狙撃兵や斬りこみ隊といった「いま・ここ」の問題に対応する役割を担った。しかし、鋼鉄艦の時代になると、このような艦上勤務の役割は低下して、海兵隊不要論が浮上した。そこで、その後は一九三〇年代ごろまでアメリカの国家利益を守るための外国への介入と前進基地の防禦が海兵隊の主たる任務となる。

第一次世界大戦では、ベローの森に象徴される勇敢なエピソードが語られても、その役割はあくまで陸軍支援にすぎず、海兵隊の存在価値を生みだす戦略的な目的にはなりえなかった。海兵隊は陸軍に吸収すべきだという組織間の圧力が強まる中で、アール・H・エリス少佐は、将来の対日戦争の可能性を予見し、海兵

年代	海兵隊の使命
1775年～19世紀末	艦上警察官
1898～1914年	前進基地防禦
第一次世界大戦	陸軍支援部隊
第二次世界大戦	水陸両用強襲部隊
第二次世界大戦後	緊急展開部隊
現在	遠征即応部隊

2-2　海兵隊の使命の変遷

隊の使命を前進基地の防御から奪取へと変えるべきだと主張し、レジューン総司令官の支援の下に一九二一年「水陸両用作戦」という新たな概念を提唱した。そして、太平洋戦争において、その概念は勇猛果敢な実践を通じて海兵隊の存在価値を示すパラダイムに止揚されたのである。

第二次世界大戦終了直前には、原子爆弾が開発されるなど海兵隊を取り巻くタスク環境が変化し、再び不要論が擡頭した。しかし、垂直離着陸の機動力を可能にする輸送ヘリコプターを世界に先駆けて導入し、水陸両用作戦に空陸統合作戦を加えて、自らを「緊急展開部隊」として発展させていく。

朝鮮戦争では、仁川上陸作戦で再び水陸両用作戦が輝いたものの、ベトナム戦争では地上戦が主体となり、水陸両用作戦の価値は低下した。しかし海兵隊は、朝鮮戦争で兵員と装備を輸送するために使用したヘリコプターをベトナム戦争では攻撃に転用し、水陸両用作戦は実質的に水空陸併用戦を意味するようになった。陸軍、海軍、空軍という組織間競争のただ中で、一定の海兵隊の存在が法的に保障されたのはダグラス－マンスフィールド法の支援によるものであった。その後、「カーター・ドクトリン」に基づく緊急展開部隊の計画から、グローバルな即応部隊としての海兵空陸任務部隊（ＭＡＧＴＦ）を開発した。

アーサー・セブロウスキー提督は、二十世紀の戦闘を兵器の数と質の優劣によるプラットフォーム・セントリックと特徴づけ、その二十一世紀の進化形をネットワーク・セントリックと名づけた。そして、世界初のネットワーク・セントリック・ウォーは、情報・通信ネットワークの形成と無線電話機を適切に運用して、各艦艇の自己同期化（Self-synchronization）に成功した帝国海軍の日本海海戦であったと指摘した。かつて、アルフレッド・セイヤー・マハンは、シーパワーの目的は戦艦によって敵の艦隊を公海から駆逐し制海権《シーコントロール》を獲得することと主張したが、海兵隊司令官チャールズ・C・クルラックは、海軍と協力して「機動」と「海戦」を融合させた「海上機動戦」（Naval maneuver warfare）を主張した。人類の大多数は、沿岸域（littoral zone）に住んでいるので、海軍・海兵隊はあらゆるタイプの地域紛争に、「シーベース」（上陸海岸の沖合に集結した海兵隊の揚陸艦隊や海軍の空母艦隊・補給艦隊から構成される任務部隊）から一挙に直接侵攻して、人道支援、武装平和維持、対叛乱作戦に対応すべきであると主張した。マハンの艦隊決戦思考とは異なり、沿岸域における海・空・陸統合で優位性を確保するという考え方である。[*2]

二十一世紀に入った海兵隊の今後のビジョンについては、「アメリカの遠征即応部隊」（Expeditionary Force in Readiness）であること、「敏捷な組織設計と適応的文化をもつわれわれは、オープンマインドと創造性に依拠して、われわれのもてるものを最高に活用し、適時・適所・適切に部隊を配置する（the right force in the right place at the right time）」と、歴代初めて飛行隊出身の第三五代海兵隊総司令官ジェームズ・F・エイモス大将は述べている。[*3]

かくして海兵隊は、環境の変化を予見し、必要な機能とはなにかを探求しつつ、組織目的を自ら変革しながら、主体的に環境に適応してきた。しかし、実用的な機能的価値を根底で支えるのは、「共通善《コモングッド》」のようなより普遍性の高い存在価値である。それは組織の成員の全人的コミットメントを無限に引きだす源泉になる。機能的価値は環境変化に順応して変革し続けるが、存在価値はそれを失った時に組織が「それ自体《アイデンティティ》」ではいられなくなる普遍的な価値である。機能的価値としての「水陸両用作戦」は、他の軍種で代替できるかもしれない。実際ノルマンディ上陸作戦は、アメリカ陸軍が主導した。ならば、海兵隊が海兵隊として存在し続けている理由は何なのか。

海兵隊中将ビクター・H・クルラックは、かつて次のように指摘した。[*4] 純粋に機能的能力だけを考えれば、海兵隊の機能は陸軍でも海軍でも代替できるかもしれない。それでは、海兵隊でなければどうしてもできないものは何か。それは冷たい機械的・合理的な側面ではなく、温かい人間的・非合理的な側面ではないか。アメリカ国民は、海兵隊の過去から現在までの実績から次のことを信じている。第一に、国の安全にかかわる事変が起こると、海兵隊はすぐに解決してくれる。第二に、海兵隊は戦闘では常に劇的な勝利を収める。第三に、海兵隊はアメリカの男らしさの象徴であり、未熟な若者を誇り高き、自信に満ちた、信頼に足る市民に鍛えてくれる。合衆国が海兵隊を必要とする理由は、このように単純な合理性を超えたところにある。しかしながら、海兵隊が贅肉のない、プロ意識に徹した、いざというときに頼りになる軍事組織でなくなった時には即消滅するであろう、ともアメリカ国民は考えている、と。

実際、アメリカ国民の間で、「海兵隊に告げよ」（Tell it to the Marines.）や「海兵隊を派遣せよ」（Send in the Marines.）という表現は、不測事態《コンティンジェンシー》が起こった場合によく使われている。このような海兵隊への信頼の言葉は、環境との相互作用のなかで海兵隊員が命をかけて組織目的を実現してきた歴史的事実に裏づけられており、それを真実だとアメリカ国民が信じることによって、社会的価値にまでなっている。海兵隊の存在価値は、「常に忠実であれ」（Semper Fidelis.）や中核価値《コア・ヴァリュー》である「名誉《オナー》、勇気《カレッジ》、献身《コミットメント》」に象徴される、神と合衆国と海兵隊と海兵隊員への自己犠牲の精神が生みだしてきたものである。歴史的に存在価値を創造し、機能的価値の使命との相互作用を通じてよりよい伝統の止揚につど精進してきたからこそ、海兵隊は自己革新に成功してきたのである。

戦略・作戦・戦術

前節で考察したように、海兵隊が「水陸両用作戦」に次いで公式に採用した「機動戦」（Maneuver Warfare）とは、戦場において物理的・心理的に相手を追い詰めて勝つことを目的とし、予測不能な行動をすばやく取って敵を混乱させ、その混乱に乗じて最も脆弱な点に兵力を集中して突破する「賢い戦い方」である。機動戦は、敵軍を不安に追いこんで動揺や混乱を招き、自軍を優位な立場に確保する戦い方である。意思決定と兵力の移動、そして兵力の集中というプロセスを迅速に行うことで、敵よりも物理的・心理的な優位に立ち、戦闘の主導権を握るのである。そのためには、相手に勝る戦況観察や情勢判断、意思決定、素早い行動が必要となる。

機動戦を行う組織は、自律分散的・協働的なネットワーク型でなければならない。指揮統制は、現場の適応性や自発性を尊重する。理想的な兵士は、相互に信頼し合い、作戦行動に関するプロフェッショナルで自律分散型のリーダーシップをもつ人材だ。敵が予想もしなかった戦略・戦術を採ることによって、相手に「これでは勝てない」という認識を抱かせるのである。[*5]

機動戦の対義語が「消耗戦」（Attrition Warfare）である。兵器の力を最大限に活かし、敵を物理的な壊滅状態に追いこもうとする決戦主義の考えである。それには圧倒的な軍事力や兵站力が必須である。それを支えるのが中央集権的な官僚組織であり、トップダウンの指揮統制が行われる。また、高い技術力や工業力を背景に、大量の兵器や兵站を準備し、その大量の戦力で敵を破壊して戦闘継続を不可能にする。機動戦のアート的思考に対して、サイエンス的思考が重視される。

消耗戦は、ナポレオンやアメリカ南北戦争の北軍総司令官であったユリシーズ・グラントが得意とした。消耗戦の象徴的事例は第一次世界大戦と指摘されるが、ベトナム戦争でアメリカ陸軍が採用した作戦でもあった。海兵隊の位置づけを示す、ボクシングを使ったメタファーに、陸軍は「量」で戦争《ウォー》に勝つヘビー級、海兵隊は「質」で戦闘《バトル》に勝つミドル級、陸軍のグリーンベレーや海軍のシールズなどの特殊部隊はフライ級というのがあるが、言いえて妙である。

機動戦と消耗戦は二項対立的な概念とされるが、現実の戦争では二つが併用されることが多く、相互補完の関係にもなる[*6]（2－3）。戦闘のある局面では量的に相手を凌駕する消耗戦で相手と対峙しつつ、状況に応じて予備軍で相手の虚を集中的に突破する機動戦が行われる。[*7]

実際、太平洋戦争において海兵隊が得意とした太平洋諸島の上陸作戦は、ノルマンディ上陸作戦のような上陸地点の選択を許す広い海岸線もないので、欺瞞作戦を採りにくく、日本軍に対して真正面からぶつかる「消耗戦」になりがちであった。その結果、日本軍のみならず海兵隊も大きな損害を被った。その反省の結果が新戦法としての機動戦の採用につながった。その後は、陽動作戦で上陸地点を混同させたり、敵の裏をかいてヘリコプターで歩兵部隊を運んで背後から急襲したり、海兵隊の「敵を振り回す」機動作戦はきわめて柔軟性が高く、敵軍に作戦行動を予測させなかった。湾岸戦争時の「砂漠の嵐」作戦では、海兵隊を目撃したサダム・フセインの軍事顧問団は、敵がやがて水陸両用強襲を仕掛けてくると思いこみ、イラク軍兵力を海岸にはりつけ、現れることのない敵に備えるとい

	消耗戦	機動戦
焦点	戦闘：戦場での戦力，戦力比と消耗比，量	敵の結束力：精神，道徳，身体面での安定性，質
強調点	軍事能力，計画：優位性と物量で圧倒して勝つ	信頼，イノベーション，スピード：戦況の観察・情勢判断・意思決定・行動ループの速さで混乱させて勝つ
性質	階層的	ネットワーク的
スタイル	全体的，中央集権的，競争的，指示的，標準化	分権的，自律分散的，協働的，適応的，独自性
手段	敵の戦力と戦闘遂行力の破壊	敵の「勝てない」という認識の創出
目標	敵の戦力の破壊	新しいパラダイムの創造
事例	ナポレオン，グラント，Dデイ，ベトナム戦争の米軍	ハンニバル，電撃戦，毛沢東の遊撃戦，米軍に対する北ベトナム軍・ベトコン
要件	大量の火力，技術，工業力，中央制御	信頼，プロフェッショナリズム，個人のリーダーシップ
リスク	不均衡の脅威，副次的損害，長期化，膠着，死傷者の増加	個人の率先力・モラルの高さ・正確な状況判断・創造的な対応に依存，組織全体への浸透の難しさ
特徴	ジョミニの戦争概論，サイエンス的，定量的，線形的	孫子，クラウゼヴィッツ，リデルハート，毛沢東の遊撃戦，アート的，定性的，非線形的

2－3　**消耗戦と機動戦の比較**
出所：Hammond（2001）153頁の表6を一部修正.

う致命的な過ちを犯した。海兵隊のダイナミックで知的な機動戦という概念の採用は、絶えざる戦争理論と経験の集積、反省、再創造の結果であって、破壊的イノベーションというよりは、持続的イノベーションの結果である。

機動戦の哲学について、『ウォーファイティング』はこうしめくくっている。

> 機動戦は、戦争における思考法、そして戦争についての思考法であり、それらによってわれわれの行動の一つひとつが形成されるであろう。機動戦とは、大胆な意志、知性、自発性、そして冷徹な機会主義から生まれる精神の状態なのである。敵を麻痺させ、混乱させ、敵の強みを回避し、敵の弱点を迅速かつ攻撃的に利用し、最大の損害を与える方法で攻撃することによって、敵を精神的にも物理的にも粉砕しようと決意している精神状態のことである。要するに、機動戦とは、われわれの損失を可能な限り最小限にとどめながら、敵に最大限の決定的な打撃を与える哲学、すなわち賢く戦う（fighting smart）ための哲学なのである。
>
> （『ウォーファイティング』本書二八七頁）

ジェイソン・A・サンタマリア他（2004）は、『ウォーファイティング』から機動戦を七原則に凝縮している。①最脆弱性標的（敵の最も弱いアキレス腱を打つ）、②大胆不敵（漸進より突破）、③奇襲（敵が予想していない時と所を打つ）、④焦点（敵を一点集中して打つ)、⑤分権的意思決定(最前線に権限委譲する)、⑥テンポ(スピードで優位に立つ)、⑦陸・海・空の兵種連合体(兵器や能力を組み合わせる)、である。それぞれの原則は単発ではなく、総合的に展開した場合に最も決定的な成果がもたらされる。また、各原則を総合するには偵察の貢献が大きいが、分権型のリーダーシップが全体のバックボーンになるとしている。[*8]

機動戦は、本来分権的、リスクテイキング、スピーディ、そして協力的でなければ機能しない。その成功には、組織のすべてのレベルにおける最高度の信頼《トラスト》、誠実《インテグリティ》、自発性《イニシアティブ》、利他性《アンセルフィッシュネス》が要請される。しかし、その実現はむずかしい。機動戦は、大きな自信、健全なる道徳をもつ性格、計算されたリスクをとる強い欲求、そしてリーダーの高いコミットメントを要請する。さらに、多くの組織が好まない組織文化の変革や、それを支えるための上司と部下の日常の強い信頼関係を要請するからである。機動戦において最も問われるのは、全員がフル・コミットメントする覚悟と忍耐力があるかどうかなのである。

ジョン・ボイドによる機動戦の概念の開発に影響を与えた主な文献は、孫子やリデルハートだと指摘されているが、実はもう一つある。宮本武蔵の『五輪書』である。一対一の戦い方について、ボイドは生涯負けたことのない武蔵の戦法に学んだと指摘されている。[*9]

ボイドは、機動戦の企業経営への展開にも関心をもっていた。ボイドの機動戦のアイデアの大半は、パワー・ポイントで作成されたプレゼンテーション資料であり、それを理論モデルとして論文や書籍を出版したのは、ボイド・チームであった。トヨタ生産システムは相互信頼、任務命令、個人責任、調和とフロー概念、なかんずく時間の操作を中核とするアイデアが機動戦と通底するというボイド・チームによる指摘は興味深い。[*10] また、『エクセレント・カンパニー』で著名なトム・ピーターズは『経営革命』（一九八九年）で、ボイドの影響を受けて、機動戦の本質であるカオスの創造と活用が企業の市場と相互信頼の生成につながる、と主張した。

資源・規模・技術

海兵隊における研究開発費は、陸海空三軍の予算規模に比べると相対的に少なく、絶えず効率的な研究開発を余儀なくされるため、大規模な技術や兵器の開発は他軍種との共同開発を活用し、よりヒューマン・セントリック、つまりライフルマン支援のハード・ソフトウェアを開発し活用する傾向がある。太平洋戦争においては、海軍が海兵隊の近接航空支援戦闘機を開発し、海兵隊は水陸両用作戦のドクトリンに基づいた必要装備の開発に集中した。兵士運搬の上陸用舟艇（ＬＣＶＰ）と戦車・トラック運搬の平底船（ＬＣＭ）の開発はアンドリュー・ヒギンズ、水陸両用装軌車（ＬＶＴ）の開発はドナルド・Ｖ・レーブリングが担うなど、民間人の開発に負うところが大きかった。上陸用舟艇は、ホランド・Ｍ・スミス大将をして太平洋戦争の勝利に最も貢献したと言わしめたが、船首の板が倒れて高さのある舷側から人員・車両を降ろす「道板」（ramp）のアイデアは、帝国陸軍の「大発《だいはつ》」からヒントを得た。最も革新的だったのは、水陸両用装軌車「アリゲータ」だった。強力な日本軍に対して前面上陸するタラワ戦以降の水陸両用作戦では、ＬＶＴが先導しない強行上陸は一つもなかった。

朝鮮戦争で海兵隊は輸送用ヘリコプターを軍事組織として初めて採用したが、攻撃用ヘリと並んで飛行場を不要とする垂直・短距離離着陸（Ｖ／ＳＴＯＬ）のジェット戦闘攻撃機の開発は、近接航空支援を得意とする海兵隊の悲願であった。海兵隊は、いち早くイギリスのホーカー・シドレー社の開発したハリアーに目をつけ、一九六八年のファンボロー航空ショーにトム・ミラー海兵大佐を派遣してテスト飛行させ、驚くべきことに自国外で生産された飛行機を初めて購入した。その後は、海兵隊仕様のＡＶ－８ＢハリアーⅡとして英国と共同開発に持ち込んだ。

現在のＡＶ－８Ｂと制空攻撃機ＦＡ－18スーパーホーネットは、新たに対地・対艦攻撃や偵察、ネットワーク戦能力の任務をこなす本格的多用途戦闘機Ｆ－35ライトニングⅡＢに入れ替わる。これは、海・空軍との共同による統合打撃戦闘機（ＪＳＦ）計画のもとに開発され、短距離滑走で離陸し垂直に着陸する（ＳＴＯＶＬ）機能と、超高速を両立させる世界唯一のステルス戦闘機である。Ｆ－35Ｂによって、カタパルトのない揚陸強襲艦を空母代わりに運用できるので、ＭＥＵなどのＭＡＧＴＦは、戦略的俊敏性、作戦的柔軟性、最高の戦術的優位性を獲得できるようになる。

また、海兵隊主導で空軍と共同開発したオスプレイV-22は、ヘリコプターの垂直離着陸と固定翼機の飛行速度を両立させた画期的なティルト・ローター航空機である。一九八九年に初飛行して以来、七回の墜落事故で三六人の死者を出すという犠牲を乗り越え、二五年間にわたって莫大なコストをかけて開発した兵員輸送機である。巡航速度時速五五五キロメートル（中型輸送ヘリコプターCH-46シーナイトの約二倍）、兵員二四人を運び、戦闘行動範囲六〇〇キロメートル（約四倍）を有し、海岸から一〇〇キロメートル離れた、海岸線から見ると水平線の先から空中強襲作戦を遂行できるので、敵の防御策を混乱させることができる。「水陸両用」作戦は、もはや「水陸空併用」作戦なのである。海兵隊は、普段それほど大きい装備を要求しないが、MAGTFの完遂に不可欠となる装備はいかなる困難にも耐えて国防予算から必ず手に入れてきた。

海兵隊クルラック総司令官は、一九九五年十月に新しい戦闘方法を開発するために、戦闘研究所（Warfighting Laboratory）を創設した。戦闘研究所は、「イノベーションの揺りかごとテスト・ベッド」として、未来の作戦・機能の概念、ドクトリン、組織・教育・訓練、支援策、新技術の統合を開発する実践的研究所である。戦闘研究所は、未来評価、概念・計画、戦争ゲーム、科学・技術、実験の五部門で構成される。

二十一世紀遠征軍（EF21：Expeditionary Force21）に沿って進められている科学技術部

門の研究開発は、サーマルブーツ（保温靴）や個人用身体防護服《ボディアーマー》に始まり、無人偵察・戦闘機、無人戦闘戦車、ロボット軍用ロバ、さらには、未来戦闘科学・技術予測、シミュレーション・戦争ゲーム、過去の戦闘事例と実験部隊のデータベース化とその評価など、広範囲かつ多岐にわたる。戦闘開発・統合部などが共催して毎年開催する「マリーン・エクスポ」では、海兵隊の存在価値と遠征戦闘能力を具現化する装備とサービスを展示し、上下両院議員、陸・海・空軍、沿岸警備隊、連邦両船団、産業界などの関係者との最新軍事技術の交流の場となっている。

戦闘研究所のユニークな特色は、実験に実動部隊を使うことである。特殊任務部隊（SPMAGTF）を実験特殊任務部隊（Experimental Special Purpose MAGTF）という名称で戦闘研究所に所属させている。

最近の実験事例では、中国軍の軍事戦略「接近阻止・領域拒否」（A2／AD）の環境下における先端技術と戦術概念を使った海兵遠征大隊の統合MAGTF、市街戦に即応する空中機動上陸中隊、デジタル結合分隊の能力を増幅させるあらゆる領域の無人システムなどがあげられる。これらの概念やプロトタイプは、次々と演習に投入され、現場からのフィードバックを通じて改良されていく（2-4）。海兵隊のイノベーションが蓄積してきた成果を引き継ぐ機動的な実験主義は、卓越したアジャイル・イノベーション・システムの重要な要素である。

2－4　海兵隊の戦闘研究所のプロトタイプの事例.（左上）軍用ロボットロバ（4本足補足支援システム），（右上）超重量物揚陸水陸両用コネクター，（下）武装無人車（車両輸送システム）
出所：Warfighting Laboratory, photo by Kyle Olson（左上，右上）. MarineCorps-Times.com photo by QinetiQ（下）.

アーサー・セブロウスキー提督が提唱したネットワーク・セントリック・ウォーフェア（NCW）の概念に基づいて、海軍・海兵隊のフォース・ネットは、艦艇・航空機・兵器・施設の戦闘・支援要員・指揮官が各自の情報プラグをネットに接続するだけで、どこでも、いつでも必要情報がえられるユビキタス・ネットワークの構築を推進している。「フォース・ネットの概念は、センサー、ネットワーク、意思決定支援システム、武器、戦士、支援システムのアーキテクチャとビルディング・ブロックを、海底から宇宙、海から陸にかけて機能する一つの高度に適応的でヒューマン・セントリックな包括的システムに統合することである[*11]」。

しかしながら、海兵隊は、ハイテク兵器は旧式を代替するというよりは、質の高い選択肢と考えている。GPSだけでなく、地図やコンパスの使い方にも熟知するというハイテクとローテクの併用によって、柔軟な適応能力がさらに進歩すると信じている。AIやビッグデータは、人間の置き換えではなく、人間能力の拡張を目指す人間中心のデジタル化《ヒューマン・セントリック・デジタリゼーション》にこだわっているのだ。同時に、低コスト開発を推進するために、CIAが使用しなくなった小型無人機を低価格で買い受けて改造することや、時には開発サイクルの短い市販用機器の活用もいとわない。このように、海兵隊ではあらゆる分野のイノベーションで、組織外部の知をオープンに取りこむ。必要とあらば、企業経営者や研究・技術開発のリーダーを、大佐をはじめとする上級将校待遇で招聘することさえやるのである。[*12]

3　組織構造と人的システム

MAGTF——海兵空陸任務部隊

組織構造とは、組織の存在価値や目的・使命を具現化するための資源配分の設計でもある。組織が保有するヒト、モノ、カネ、知識をいかに有機的かつ機動的に配置するかが、任務遂行の可否をきめる。それらの資源や機能が相互に影響しあう関係性を視野に入れた組織設計が重要になる。

海兵隊の組織構造の最も大きな特徴は、管理用の官僚制組織と作戦用の機動制組織という相反する特徴をもつ組織構造が適時変換し合うことである。官僚制組織は、公式化・集権化され、知識の専門化と効率の管理にすぐれている。平時において海兵隊を管理するのが海兵隊総司令部（本部）であり、その長が総司令官である。総司令官統制下の各専門部局は、作戦と各部門のスタッフで構成され、部局長によって運営されている。管理用組織の主たる機能は、人事管理・教育訓練・整備調達である。

一方、海兵隊の兵力は、約一八万人、予備役約四万人と、陸軍（約四七万人）、海軍（約三二万人）、空軍（約三一万人）に比べ小規模であるが[*13]、陸・海・空三軍の編成・装備を統合しているので、緊急展開部隊としての実動部隊は、ＭＡＧＴＦとして状況即応で機動的に編成される。戦時となれば、海兵隊本部の支援の下に即、地域戦闘司令官が一人の指揮官の隷下に行動するＭＡＧＴＦを編成し、管理型の官僚制を自律分散型の機動部隊に変換する。

ＭＡＧＴＦは海兵隊の実動部隊の基本構成で、司令部部隊（本部指揮・参謀）の下に、陸上戦闘部隊（歩兵、戦車、火砲、偵察）、航空戦闘部隊（固定翼、ヘリコプター、整備）、兵站戦闘部隊（通信、工兵、輸送、医療、補給）の三種類の兵種連合と海軍水陸両用戦隊で編成される。つまり、ＭＡＧＴＦは自らの指揮機関（司令官・参謀）をもち、それぞれの任務に現有部隊の能力の最適な規模や組み合わせを即応させる。部隊の規模は、作戦の大き

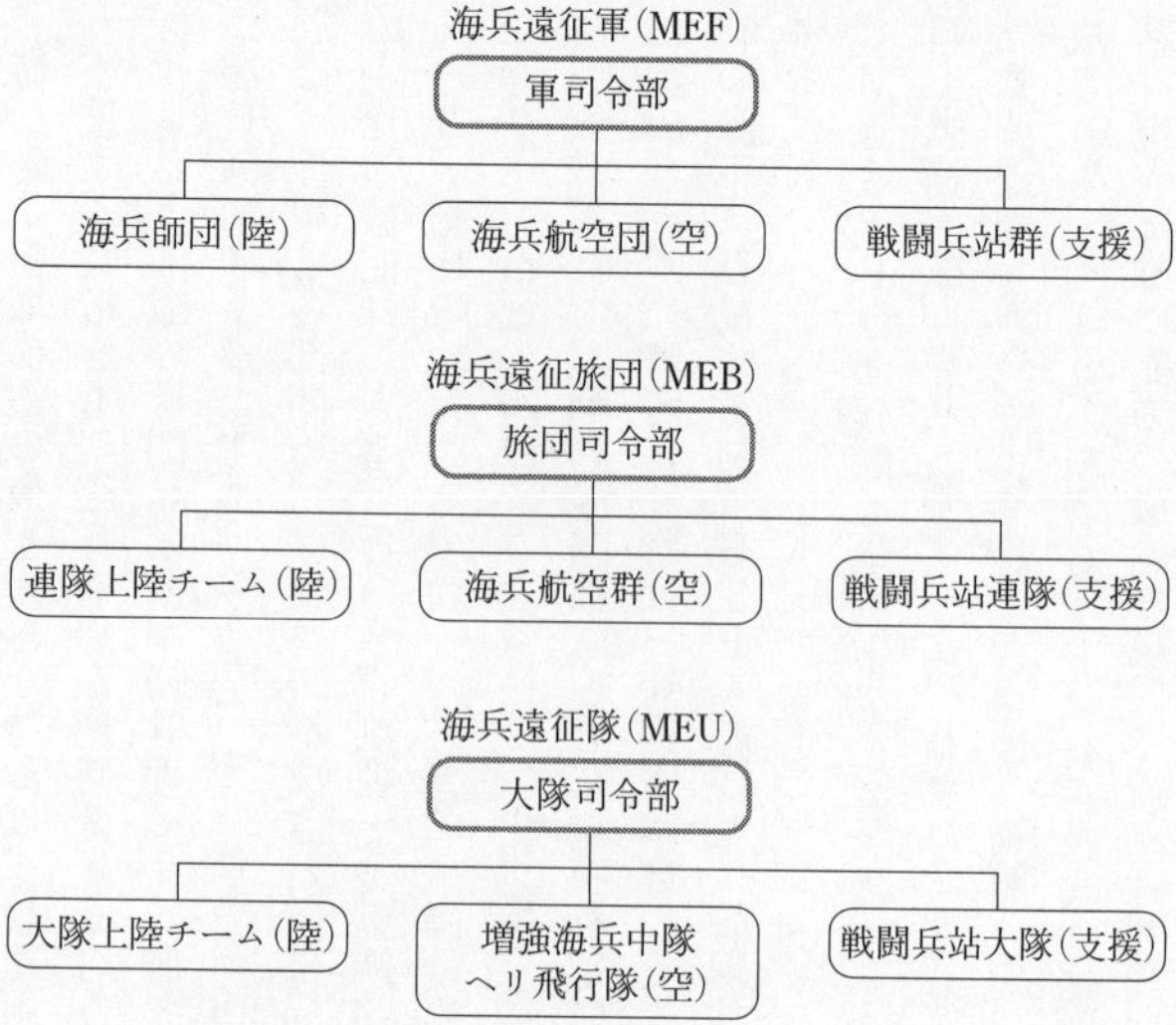

2－5　海兵空陸任務部隊（MAGTF）の編成
出所：U. S. Marine Corps. (2013).

さによって海兵遠征軍（ＭＥＦ：最大九万人の師団構成）、海兵遠征旅団（ＭＥＢ：最大二万人の連隊編成）、海兵遠征隊（ＭＥＵ：二二〇〇人の大隊構成）の三階層が基本である。これ以外には、ＭＥＵより小規模な特殊目的海兵空陸任務部隊（ＳＰＭＡＧＴＦ《スペシャルマグタフ》）があり、特定任務あるいは大規模災害における人道支援などの緊急対応のつど編成される。どのレイヤー（層）でも司令部・航空・陸上・兵站の自己完結型の組織編成の基本形はかならず守られる（２－５、２－６）。

　このＭＡＧＴＦは、過去いかなる軍隊も採用したことのない、自

種　類	海兵遠征隊(MEU) 司令官：大佐	海兵遠征旅団(MEB) 司令官：少将	海兵遠征軍（MEF） 司令官：中将
兵　力	海兵隊2,200人～×7個 海軍110人～×7個	海兵隊14,000～20,000人×3個 海軍900人～×3個	海兵隊50,000人～×3個 海軍2,600人～×3個
陸上戦闘部隊	大隊上陸チーム（BLT）	連隊上陸チーム（RLT）	海兵師団（複数）（MD）
	M1A1戦車×4両 AAV7強襲車×15両 155mm榴弾砲×6門	M1A1戦車×17～58両 AAV7強襲車×47～109両 155mm榴弾砲×24～30門	M1A1戦車×58両 AAV7強襲車×247両 155mm榴弾砲×72門
航空戦闘部隊	海兵中型ヘリ飛行隊（HMM）	海兵航空群（MAG）	海兵航空団（MAW）
	AV-8B戦闘機×6機 CH-46E輸送ヘリ×12機 AH-1W攻撃ヘリ×4機	AV-8B戦闘機×20機 F/A-18C/D戦闘攻撃機×36機 CH-46E輸送ヘリ×24機	AV-8B戦闘機×64機 F/A-18C/D戦闘攻撃機×84機 KC-130輸送機×12機
兵站戦闘部隊	戦闘兵站大隊	戦闘兵站連隊	戦闘兵站群
	15日間のMEUの作戦補給支援能力	30日間のMEBの作戦補給支援能力	60日間のMEFの作戦補給支援能力
水陸両用戦隊	3隻の揚陸艦	15隻の揚陸艦あるいは1個MPS船隊と空輸	30隻の揚陸艦と3個MPS船隊と空輸
任　務	前方展開（6時間）	小規模紛争に即応（14日）	大規模戦に即応（30日）

2－6　**海兵空陸任務部隊（MAGTF）の編成と任務．** 任務の欄の括弧内は戦場到達時間を示す

注：AV-8B戦闘機はF35-Bステルス戦闘機，CH-46E輸送ヘリはMV-22オスプレイに代替されつつある．

出所：河津（2013）45頁に基づく．

2－7　海兵遠征隊（MEU）の能力

己完結する入れ子型の組織構造である。いかなる作戦要求にも応えられるように時空間を同期化させ、短期間で多様な組み合わせができる多能力軍隊《マルチ・ケイパブル・フォース》が海軍の強襲揚陸艦を中心とする水陸両用戦隊（ＰＨＩＢＲＯＮ：Amphibious Squadron）に乗船するか、空軍の輸送機で、世界のどこにでも展開できる機動力をもつ。

海兵遠征軍（ＭＥＦ）は、常設の司令部を持ち、第Ⅰ海兵遠征軍（司令部は本土西海岸）、第Ⅱ海兵遠征軍（司令部は本土東海岸）、第Ⅲ海兵遠征軍（司令部は沖縄）が置かれ、地域的責任が指定されているのはアジア太平洋地域の第Ⅲであり、対中国の最前線にある。第Ⅳ海兵遠征軍は予備役である。その他には地域指定はないものの、第Ⅰは広くアジア太平洋と中東に、第Ⅱは大西洋を囲む南アメリカとアフリカにプレゼンスを示している。ＭＥＦを母体として、海兵遠征旅団（ＭＥＢ）と海兵遠征隊（ＭＥＵ）がモジュラー的に編成される。しかしながら、大規模戦から小規模戦への即応が求められつつあるなかで、二〇一二年以降、海軍・海兵隊は、中脅威度の敵に対し、シー・ベース（上陸海岸沖合に、集結した揚陸艦隊や空母部隊、補給艦などの機能別艦隊で編成された海上基地）からＭＥＢ規模の上陸演習を行っている。これまでＭＡＧＴＦの中間的な位置にあってＭＥＦとＭＥＵを随時つないできた、重装備のＭＥＢを基軸とした機動力の重要性が高まりつつある。しかし、最も海兵隊らしいのは、最前線に遊弋《ゆうよく》する七個あるＭＥＵである（アメリカ東海岸三個、西海岸三個、沖縄一個）。有事のみならず、平時においても常時数個のＭＥＵがローテーションによって海軍の強襲揚陸艇を旗艦とする三隻編成の水陸両用戦隊と共同チームを組んで、世界レベルの警察官のような前方展開部隊として突発する緊急事態に備えているからである。

ＭＥＵは、通常の隊が通常任務と特殊任務の両方を遂行するので、特殊部隊《スペシャル・フォース》ではない。陸軍のグリーン・ベレーやデルタ・フォース、海軍のシールズ、空軍のＡＣ－１３０ガンシップは特殊部隊であり、高い投資で高度の専門性を育成するエリート集団であるが、ＭＥＵは海兵隊の通常の隊で構成され、通常任務と臨機応変の専門技術をもつ。特殊専門部隊の中には、高度のインテリジェンス技能をもつ武装偵察隊《リーコン》、シールズ並みの偵察狙撃隊《スカウトスナイパー》や生物化学兵器部隊などもある。しかも、全員がライフルマンとして鍛えられた兵士からなる低コストのライフル大隊を基盤とする特殊作戦部隊でもある。海兵隊では、ライフルマンが航空機、ヘリコプター、戦車などを動かしていると言ってよい。海兵隊のすべての機能がライフルマンを支援することに徹底し、有機的に配置され、相互依存の有機的集中となっている。なお、海兵隊は戦闘部隊なので、海軍の衛生兵《コーマン》が海兵隊の作戦に従事し、介護・救出行為によって、海兵隊員と生死を共にする。

海兵隊は、いかなる作戦を命じられても即座に対応できるように、常時ＭＥＵを、「展開前」「展開」「展開後」のプロセスを各々六か月の期間を基準として、全一八か月になるサイクルで回している。初めの「展開前」の六か月で部隊を立ちあげ、座学や実務を通して知識やスキルなど戦闘の「型」の鍛錬をくり返し、部隊としての信頼関係を構築していく。訓練中に新たな知見がえられた時は、実戦配備されている部隊にフィードバックする。訓練終了後の六か月間が水陸両用強襲、対テロ戦争、人道支援・災害救援活動などの実戦配備の「展開」である。戦地に向かう前に二週間の引き継ぎ期間が設けられており、前任の部隊が戦地で直接経験した暗黙知が形式知化され、後任の部隊に伝えられる。実戦配備中には、戦地から最新の知見を司令部や戦闘研究所に発信する。そして、戦地での任務終了の「展開後」は、二週間の引き継ぎを経て、六か月間の休息となる。この期間は家族と過ごせる期間であるが、配属先は司令部など管理部門のスタッフとして現場で獲得した暗黙知を形式知に変換する場ともなり、マニュアル化やＩＣＴ化を通じて組織的知識の共有・蓄積・編集が行われる。休息後は、大半の隊員はまた部隊に配属され訓練期間に入るが、除隊する者もいれば、司令部、人事管理、教育訓練、装備調達、渉外、募兵などの陸上勤務に配属となる者もいる。

人事システム

海兵隊の昇任制度の特色は、能力・業績・職務経験の昇進基準を厳守し、特進を認めないことである。陸軍には、平時は年功、戦時は能力の一時昇進《テンポラリー・プロモーション》という制度があり、アイゼンハワーやパットンはこれによってめざましい出世をとげた。しかし海兵隊は、日本型組織に似て各職位に必要な経験を一段階ずつ積みあげて査定される等級昇進《ランク・プロモーション》である。昇進への道は全隊員に開かれているが、一階級昇進するたびに、最低限必要な知識・技能を段階的に学ぶという職人道の基準を厳守しているのである。このシステムの利点は、中長期にわたって獲得すべき能力の組織的かつ体系的知識の蓄積ができることだ。[14]

海兵隊の人事システムで興味深いのは、優秀な人材を採用担当者に任命することである。一般的に採用担当は軍人の憧れの職務ではないが、海兵隊の募兵担当官は、海兵隊を代表する典型《プロトタイプ》としての下士官や士官で、アメリカ国民の応募者が「こういう人になりたい」と願うような人物でなければならない。そういう人物を抜擢し、弁論術、広告宣伝、訓練技術を学ばせる。社会的条件に恵まれていない層の人間も多数採用する募兵担当官は、リーダーとしての潜在可能性を見抜く直観力ある人材でなければならない。海兵隊は、リーダーシップは天性ではなく、潜在能力を引きだすことにより育成されるものと信じている。毎年約四万人の素質のよい入隊希望者を募集しなければならないので、優秀な成果をあげれば昇進が保証される。

優秀な人材の多い海兵隊で将校への昇進候補者を探すことは難しくない。しかし、それだけに候補者間には激しい競争が生まれる。陸海空三軍では、士官学校修了者は自動的に少佐まで昇進できるが、海兵隊では中尉あるいは大尉でも、昇進が二度見送られれば除隊になる。ただし、中佐および大佐は、それ以上の将官に昇進しなくても、恒常的な身体適性テストをパスし、上官の推薦があれば一定期間海兵隊に残ることはできる。尉官から佐官へのハードルは非常に高いので、昇進につながる可能性の高いポストが示される。例えば、大佐まで昇進するための主要ポストには、募集関連の業務のほかに、教官ないし主任教官、士官学校訓練生教官、他軍士官学校訓練生教官、エリート将校対象学校訓練生、歩兵部隊長、副隊長、監査官（進路指導官）、大隊長、大使館警備、昇進会議メンバー、国防総省内の海兵隊司令部勤務などがある。

大佐以上の将官への昇進に関する決定は、多面的な知見を収集するために選ばれたメンバーによる昇進会議で行われる。昇進予定者に直接関係する将校が交代で出席し、決定内容は過去に昇進予定者の監督と観察の機会があった別の海兵隊将校と部下の意見も反映させる。したがって、最上級将官の場合は、昇進候補者は大佐一六名につき一名程度で、しかも昇進会議の出席者が絶えず変わるので、候補者は将来の展望を描きにくくなる。そのため、昇進に必要な主要任務のメッセージなどが送られ、昇進の厳しさは率直に語られている。昇進レースがエスカレートすれば、組織内政治が横行しかねないが、海兵隊では「仲間の犠牲で仲間の上に立たず」という文化によって、それは打ち消されている。

海兵隊では、将官にならずに佐官というまずまずの地位で終わる古参の将校が多い。海兵隊の存在を政治的に安定させるために議会と戦い戦略策定に携わる司令部参謀勤務（「スタッフ野郎」）よりも、下士官・兵と共に心躍る戦場で「戦う男」の文化を好む。戦争について学び、実戦に備えて訓練し、実際に戦争が起きれば先陣をきって戦うことを望むのである。

ブート・キャンプ

教育訓練の基本は、戦闘においての勝利と生存を目的とするブート・キャンプ（カリフォルニア州サンディエゴとサウス・カロライナ州パリスアイランド）と呼ばれる新兵訓練にある。この新兵訓練は高卒者（典型は年齢十九歳、独身男子）を対象としているが、この他に主に大卒者を対象とする訓練には後述する士官候補生学校（OCS、ヴァージニア州クアンティコ）がある。下士官（軍曹階級）の指導教官《ドリル・インストラクター》（DI）が訓練生《リクルート》に個人主義的・自己中心的なメンタリティをつちかった市民生活から隔離し、罵声を浴びせながら徹底的にしごく苛酷な訓練は、海兵隊の映画で象徴的に描かれることが多い。自己否定に始まり、「わたくし」（I）という言葉は使わせず、「この訓練生《リクルート》は」と三人称で応答させる。海兵隊だけが、彼らの全世界となる。

　すべての海兵隊員は、ブート・キャンプでの厳しい訓練を経ており、その原体験を共有している。一三週間にわたる徹底した訓練では、「名誉」「勇気」「献身」という組織の価値観と、「訓練で汗を流せば、それだけ戦場で流す血が少なくてすむ」という格言にしたがって、恐怖の戦場で強い戦士になるよう鍛錬され、チームとしての一体感をつくる。例えば、小隊チームの一人がライフルを落とすと、他の仲間全員が筋力トレーニングの責めを負う。仲間は彼にライフルの扱い方を厳しく教え、海兵隊を支えるのは自分一人だけではないことをわからせる。学歴も家柄も人種も一切関係なく、同じ小隊の人間になりきらせる。他のいかなる軍種にもこれほどタフで挑戦的な訓練はない。この点を配慮して、海兵隊には「二人組制度《バディ・システム》」があり、一人ではブート・キャンプが不安だという二人の友人同士が、基本訓練期間中同じ小隊で同じ職種訓練を受けられることを保証する。隣同士の寝台で寝ることを認め、入隊以前の仲間関係も尊重している。ここでの徹底した共体験によって上下へだてぬ海兵隊の一体感と、チームのために死をも恐れぬ兄弟愛が醸成される。十九歳の若者を一三週間で勇気と自信に満ちた隊員に鍛えあげる訓練は、驚異的ですらある。[*15]

ブート・キャンプは、四週間単位で三つのフェイズに分けられる。第一フェイズでは、指導教官が、志願兵の一般市民社会で形成されてきた人格を白紙に戻すため、従順性を強化する「積極指導」と雄叫びのような「号令口調」の組み合わせでショック療法的に軍隊生活の基本をたたきこむ。通常、午前四時起床、午後九時消灯。基本的にはオリエンテーションの段階で、軍事教養の基礎（基礎技術、海兵隊の歴史と伝統、礼儀と規律）、体力錬成訓練《フィジカル・トレーニング》（PT）、整列行進訓練《クローズオーダー・ドリリング》、障害物コース（よじ登り、飛び越し、匍匐《ほふく》前進）、海兵隊格闘プログラムとライフルの取り扱いの基礎訓練などを行う。

本格的な戦闘訓練は、第二フェイズで始まる。海兵隊が独自に開発した「格闘技《マーシャル・アーツ》プログラム」とライフルの「射撃術《マークスマンシップ》」が中心である。他の軍種は、自動小銃、ドローン、原子力兵器などテクノロジー依存型であるが、海兵隊は人間の闘争本能をむき出す「徒手空拳」の格闘技とライフルにこだわる。格闘技プログラムのテストは、手刀、寝技、投げ、蹴りなどで構成されるが、海兵隊の特色は、ライフルをベースとした白兵戦（敵対距離五〇〇メートルから五〇センチメートル）と銃剣術を連動したシステムとして訓練される点にある。弾薬が切れたときのライフルは、格闘の武具になる。その技のレベルは、ブラウン・ベルトからブラック・ベルトまでの五段階であり、ブート・キャンプではブラウン・ベルトを取得しなければならない。さらに、軍事教養のテスト、体力適性テスト、完全武装水中訓練、そしてM16ライフルの射撃術《マークスマンシップ》の習得となる。志願兵は、「海兵隊員すべてライフルマン」(Every Marine a Rifleman.) という言葉を常時耳にしつつ、照準設定法、呼吸法、引き金の引き方、風速計算、照準修正、各種の射撃姿勢、ライフルの分解組み立てなどを射撃専門のコーチに指導される。

第三フェイズは、これまでの基本を統合する海兵隊兵士としての戦闘術訓練である。基本的な小部隊の襲撃訓練（市街戦や夜間戦闘）と白兵戦の銃剣術、水陸両用強襲、ヘリコプター強襲、化学・生物防禦などである。最後には、最も過酷な「試練」(Crucible) という、これまでの訓練の総仕上げとしての統合訓練がある。志願兵は一人の指導教官と一八人前後の分隊（リーダー選出）に編成され、五四マイル（八六キロメートル）を三日間で走破する（睡眠時間一晩四時間、三日間で携帯二食）。「試練」には、突然の銃撃、戦闘補給、泥中前進、銃剣攻撃、夜間潜入、白兵戦闘、地形障害など、戦闘行為の身体的タフネスを超えて心理的タフネスを追求するテストが組みこまれている。

志願兵《リクルート》は、ブート・キャンプを卒業して初めて、「海兵隊員《マリーン》」と名乗ることができる。海兵隊員《マリーン》という称号は「与えるのではない、勝ち取る」(Earned, not Given.) ものなのである。海兵隊では、将校も下士官・兵も一律にマリーンである。卒業後は、歩兵科専攻者は歩兵の職種すべての基本を八週間（歩兵以外の戦闘兵科と後方支援兵科は二週間）で訓練する歩兵学校に進む。ユニークなのは、職種を問わずロケット弾発射装置、無反動ライフル、大砲、爆薬、重機関銃から無線機操作、応急手当、エンジン修理など歩兵に必要なあらゆる基本技能を訓練されることである。その後は航空、情報《インテリジェンス》、砲兵、シーバーフ（化学・生物事態対処）など職種に応じて軍事専門職学校（ＭＯＳ：Military Occupation Specialty）を経て、さらに下士官候補コースをめざすことになる。海兵隊員募集ポスターに「挑戦は永遠に続く」（The Challenge Is Forever.）とあるが、まさにそのとおりである。

　指導教官は、採用担当者同様に、上位二五パーセントの最優秀下士官から選抜され、厳しい教練教官学校を修了させるので、彼らも海兵隊員として最高の行動規範を示す努力を続けている。

　なお、今日、女性海兵隊員の専門分野は戦闘関連分野にまで拡大されているが、海兵隊は水陸両用の攻撃的任務の性格から男性主体の軍隊である。女子志願兵の訓練メニューは男子志願兵と変わりがないが、米国軍隊のなかで、ブート・キャンプで男女を別々の兵舎に分け、女子指導教官の専任指導、教科時間などで差異をつけて訓練しているのは海兵隊だけである。後方支援の専門職も女性に開放されたが、直接戦闘も他軍種では開放されつつある中で、水陸両用作戦のような最も危険な任務については、海兵隊は慎重である。

ＯＣＳ――士官候補生学校

　ブート・キャンプが下士官候補生の養成を兼ねた新兵訓練の場であるのに対して、士官養成の主要な場としては、士官候補生学校《オフィサー・キャンディデイト・スクール》（ＯＣＳ）がある。海兵隊には、陸軍（ウェスト・ポイント）、海軍（アナポリス）、空軍（コロラド・スプリングス）のような独自の士官学校はない。アナポリスの少数の卒業生が海兵隊に入る選択権はあるが（一〇パーセント程度）、通常は士官学校卒なのに対して、海兵隊は、将校には多様性を重視し、要件は大学卒業という点だけなので、士官学校と異なり約半数が一般大学卒、例えば、海兵隊大将（退役）で国防長官のジェームズ・マティスはセントラル・ワシントン大学の予備役将校訓練過程（ＲＯＴＣ）出身である。なかにはＭＢＡなど大学院卒もいて、さまざまな職種経験と知的背景の人材が応募する。ＯＣＳとブート・キャンプは、いずれも肉体的鍛錬を行うが、前者が忍耐力・知力・リーダーシップをより重視する点で異なる。

士官候補生訓練の目的は「海兵隊にとって最も重要な下士官・兵を指揮する新任将校の育成」であり、ＯＣＳの目標は、士官候補生にストレスを与えて、いかに挑戦に対して応答するかを評価し、選別することである。ストレスにうまく対処し、リーダーシップ、知性、強固な人格、耐久力、自発性、チームワーク能力を示した者が少尉任官の資格をえる。ブート・キャンプでは少なくとも約二五パーセントが落伍するのに対し、ＯＣＳでは候補生は好きな時に脱退できる。結果として約五〇パーセントしか残らない。「条件つき雇用システム」とも言われるゆえんである。

ＯＣＳで与えられるストレスの一つに、時間をいかに賢くマネージするかという課題がある。候補生は、達成すべき一連の課題を与えられ、それを遂行する時間が決定的に不足する状況に置かれる。このような状況下で、候補生はなにが重要でなにが重要でないか、完全性を目指しつつ、どこで矛盾を解消するかの決断を迫られる。第二のストレスは、過酷な肉体訓練である。これは、ブート・キャンプほどの罵声としごきはないが、厳しいことには変わりはなく、戦闘におけるスタミナと忍耐力の育成である。さらに戦闘状況のシミュレーションによって、精神的・肉体的に耐えられるぎりぎりのストレスが与えられる。リーダーシップ訓練の基本は、リーダー自身が下士官・兵に「手本を示すリーダーシップ」である。

TBS——基本術科学校

ＯＣＳで選抜された士官候補生は少尉に昇進するが、さらに基本術科学校《ザ・ベーシック・スクール》（ＴＢＳ）で一人前の海兵隊将校になるための二三週間にわたる研修を受ける。士官の実質的なブート・キャンプに対応するのがＴＢＳである。ＴＢＳの目的は、訓練生の選抜や極限体験ではない。それは、軍事理論や戦史研究など体系的な軍事技術の知的側面を強化すると共に、個々人のリーダーシップ・スタイルを尊重して、大胆かつ革新的な決断の必要性を認識させ、革新的な戦術を創造する人材を育成することである。海兵隊は兵種連合であるが、士官候補生は全員、歩兵の基本に習熟しなければならない。パイロットも、中隊・小隊・分隊・班《チーム》の指揮、重火器射手（重機関銃、擲弾発射筒《グレネード・ランチャー》、対装甲車ミサイルなど）の役割などを通して、職種横断の基本的リーダーシップを実践的に体験する。海兵隊初のパイロット出身の第三五代エイモス総司令官が、就任時のメディアの問いに「私はもともとライフルマンで、それからパイロットになった」と応答したのは、ここに由来する。他軍種にはこうした養成機関はない。作戦命令の受け方、部下に対する命令の仕方、戦術上のさまざまな問題への対処の仕方などのスキルを習得すると同時に、各職務のもつ問題点、矛盾解消の方法論や部下の潜在能力についての洞察を体得する。

同時に、海兵隊では士官に紳士《ジェントルマン》としての立ち居振る舞いを要求する。ＴＢＳでは、それを実践的に学ばせるために、年間九回の中隊会食会と九回の将軍レセプションを主催している。なお、前述した大佐までの昇進主要ポストの一つにＴＢＳ訓練生が入っているため、彼らは同僚も含め多面的な評価にさらされている。

ＯＣＳとＴＢＳ修了者は少尉に任官し、五年から六年の実務経験を経て中尉、大尉、少佐、中佐、大佐へと進む。海兵隊将校がさらに准将から大将までの将官に昇進するためには、ＴＢＳ卒業後少なくとも三つ以上の海兵隊大学《マリーンコー・ユニバーシティ》の選抜教育をそれぞれ一年間受けなければならない。大尉対象の遠征戦学校では、陸・海・空を統合する水陸両用作戦の大局観と実践論をたたきこむ。少佐対象の指揮・参謀大学《コマンド・アンド・スタッフ・カレッジ》では、歴史、政治、戦争研究に基づく状況判断の枠組みを修得する。陸軍、空軍、多国籍軍も加えた中佐対象の海兵隊戦争学校《マリーンコー・ウォー・カレッジ》では、敵国の歴史、文化、経済、リーダーシップの研究に基づく敵国の「致命的《クリティカル》」な弱点をつきとめる戦略的技能を磨く。これ以外にも、例外的にすぐれた士官や佐官級士官のために、他軍種の専門学校や大学、他国の軍事専門学校や大学、そして民間の大学や大学院などの豊富な教育機会が準備されている。

この他に、二〇〇六年に創設されたＭＡＲＳＯＣ（海兵隊特殊作戦コマンド）の教育訓練コースがある。ＭＡＲＳＯＣの総兵力は現在、約四〇〇〇人で、その一番小さな戦闘単位は自律的に特殊任務を遂行できる一四人編成の海兵隊特殊作戦チーム（ＭＳＯＴ）である。各ＭＳＯＴチームの海兵は、蹴破り野郎《ドア・キッカーズ》と呼ばれる特殊オペレータで、各自が兵器使用、通信、工作、作戦立案、情報、兵站、管理等の熟練者である。きわめて興味深いのは、ライフルマンをさらに知的ライフルマンに錬磨する育成プログラムだ。四段階、七か月間の個別訓練コースは、第一段階が全期間を通じての基本訓練、第二段階が八週間の小部隊戦術、第三段階が五週間の近接戦闘、第四段階が七週間の不正規戦演習で構成される。さらに、一八か月の多様な高等訓練コースが開発されている。各言語、空挺、戦闘潜水、近接戦闘、爆破突破、斥候攻撃、高等射撃コースなどである。[*16]

広範な職務間ローテーションも行われる。海兵隊将校は、在籍期間中、専門分野にかかわらず、人事異動が行われ、あらゆる危機に機動的に即応するＭＡＧＴＦチームに加わることができ、配置すればすぐ動ける機動的な管理職に育成される。専門分野にかからない横断的トレーニングのおかげで、海兵隊員は全体のなかでの自らの任務の役割や重要性を認識できるようになり、他の軍種の同等職位に比べてより多くの職能と責任が課せられる。

海兵隊に残るには、その他の条件もある。良識ある社会人としての行動規範を順守するのはもちろんのこと、海兵隊総司令官であっても、体重や体形を規定範囲内に保ち、毎年のライフルテストと半年毎のフィットネス・テストに合格しなければならない。

4　成員属性

価値観

海兵隊の組織文化は、共通する価値体系によって共有され、継承されている。一九八〇年に刊行された海兵隊マニュアルでは、海兵隊の三つの中核価値《コア・ヴァリュー》が以下のように定義され、隊員の行動を規定する原則であるとともに、海兵隊全体が家族《ファミリー》としていかなる困難にも挑む総合力の基盤であるとされている。[*17]

- 名誉《オナー》：決して嘘をつかず、騙さず、盗まないこと、そして妥協なき高潔さを守ること、人間の尊厳を尊重すること、相互に関心をもつこと。この名誉という資質が道徳的・倫理的行動の究極の姿に導く。名誉があるからこそ、海兵隊員は行動に責任をもち、義務をまっとうし、他者の行動に対しても責任を負う行動ができる。

・勇気《カレッジ》：中核価値の本質である勇気は、海兵隊では深く内面化された精神的・倫理的・肉体的な強靭さであり、勇気によって戦闘への挑戦や恐れを克服できるようになる。勇気をもつことによって、正しい行いを実践して、手本を示し、ストレスや圧力のもとでも不屈の決断を下すことができる。これは海兵隊員がさらなる高みを目指すことを可能にする内面的な強靭さである。

・献身《コミットメント》：軍隊におけるメンバーの決断力や献身の精神のことである。献身は、自身の規律を高い水準に向かわせる。「常に忠実であれ（SemperFidelis《センパー・フィデリス》、縮めてSemper Fi《センパー・ファイ》）」であり、海兵隊員は一日に一〇〇回以上口にしたり、耳にしたり、目にする機会がある。このモットーは、全海兵隊員に無条件に変わることのない献身を、神、国家、海兵隊、そして海兵隊員に捧げ続けるように求めているのである。一八八〇年、第一四代海兵軍楽隊長に就任したジョン・フィリップ・スーザは、「忠誠」と題する行進曲を作曲している。

また、海兵隊らしさをつくる基本的価値観については他にも多くが語られているが、フリードマン（2001）は以下の六項目を指摘している。[*18]

①相互依存：海兵隊員にとっては個人ではなくチームでの成功が重要である。成功はチームワークによってもたらされることを徹底的に入隊時からたたきこまれる。海兵隊の職務は、すべて仲間を支援《サポート》する仕事として定義されているので、海兵隊員はみな仲間に助けられたという経験をもっている。

②犠牲：海兵隊員は、個人として、職業人として、組織の一員として、秀でた存在になるためには、自己犠牲を払わなければならない。よく語られる事例は、太平洋戦争での激戦、ガダルカナル、タラワ、硫黄島、沖縄などである。犠牲を払うことに誇りをもっている彼らは一方で、物より人の重視、技術革新の強調という海兵隊の質的価値観を反映しており、国民の評価につなげている。

③忍耐：海兵隊員は、「退却《リトリート》」ではなく「逆方向攻撃《アタック・トゥ・ザ・リア》」という表現を用いる。無線連絡では、「反復《リピート》」は禁句で、「もう一度いう《アイ・セイ・アゲイン》」である。海兵隊員は、状況がどんなに厳しくても、最後に勝利をえるために突撃し続けるという決意があり、攻撃中に後方へ一時的に移動することを余儀なくされた場合でも、決して退却とは言わない。

④自信：自信をもつことが、勝利を左右するという信念に基づき、海兵隊員は自分の力をうまく使いこなすことを重視している。「マリーン」という称号は、ブート・キャ

ンプで自ら勝ちとるものなのである。敵前上陸ほど恐ろしい戦闘はないが、「必ず勝つ」という信念がなければ、機銃掃射を浴びせられる海岸へ飛び出る勇気は出ない。

⑤任務への信頼：クルラック第三一代海兵隊総司令官は、「海兵隊員になるのは天職（Calling）だ」というのが口癖《くちぐせ》だった。海兵隊員たちは、「アメリカが誇る自由、民主主義、個人の権利を守る」ことが海兵隊の任務だと信じており、その崇高な任務を果たしているという信念と「自分は世界に貢献している」という共通善への貢献の自覚

2－8　**「仲間の骨を拾う」**．（上）朝鮮戦争で長津湖から撤退する海兵隊．車両は仲間の凍死体と装備を積んでいる．（下）ファルージャの戦いで仲間に担がれる下士官
出所：Russ (2000)（上）．U.S. Marine Corps ホームページ（下）．

が強力な原動力となっている。

⑥高潔さ：海兵隊員は、互いに信頼し合っており、この相互扶助の精神が複雑な作戦を実行する基礎となっている。隊員相互の倫理的行動を信じているのである。

海兵隊の英雄は、あらゆる階級から出てくる。太平洋戦争における海兵隊精神の最も象徴的なシンボルは、硫黄島で米国旗を掲げる六人の顔の見えない匿名のチームが、より大きな価値に向かって苦闘する像であった。ダグラス・マッカーサー将軍が、彼の陸軍を「アイ・シャル・リターン」といってフィリピンから撤退させた有名な言葉とは大違いである。しかし、海兵隊の基地や船艇には、忠誠や勇気など海兵隊の価値を実際の行動で示した隊員の名前が階級の区別なくつけられ、その英雄物語が共有されている。海兵隊には元海兵隊員という言葉は存在しない。海兵隊をやめても彼は一生海兵隊員であり続ける（Once a Marine, Always a Marine.）のである。

海兵隊には、「友軍を見殺しにしない」「死傷者を戦場に放置しない」という伝統がある。将校や兵士が危険を冒して死傷者を収容しようとして、自ら死傷した例は数え切れない。死傷してもかならず収容されるという信頼、互いに仲間の骨を拾うという戦友愛は、海兵隊員の連帯意識の支柱となっている。海兵隊士官ガイドには次のような一節がある。

「戦闘において各海兵隊員に期待される能力、果断、勇気のなかで、なににもましてとくに期待されることは、犠牲のいかんにかかわらず、戦傷あるいは戦死した海兵隊員を戦場に残したり、放置したりすることが決してあってはならないということである」[*19]（Over and above the competence, resolution, and courage which are expected of every Marine in the battle, it is particularly expected that no wounded or dead. Marine will ever be left on the field or unattended, regardless of the cost of bringing him in.）

性格

海兵隊員の資質については、海兵隊の価値観ですでに示唆されているが、性格的表現として、①大胆さ、②冒険心、③謙虚さ、④率直さ、⑤プロ根性なども指摘されている。さらに、二〇〇六年に海兵隊が政治的理由から創設したエリート集団とも言える海兵隊特殊作戦コマンド（ＭＡＲＳＯＣ）が求めるクリティカル・スキルズオペレーター（ＣＳＯ）の属性で見てみよう。まず、海兵特殊部隊の任務は、直接行動、特殊偵察、情報作戦、保安部隊支援、叛乱鎮圧、テロリズム制圧、外国国内防衛である。養成される特性の一〇項目は、①効果的知性、②適応性、③決断力、④信頼性、⑤誠実、⑥自発性、⑦ストレス耐久力、⑧人間関係スキル、⑨身体能力、⑩チームワークである。海兵特殊作戦訓練を指導したディック・カウチは、①身体的強靭性《フィジカル・タフネス》（一晩中約一三キログラムのリュックサックを背負って歩き続けても翌日いっぱい戦える力）、②知性（素早い学習と実践への適用力、関連して判断力、問題解決力、意思決定力）、③精神的強靭性《メンタル・タフネス》（自信と決断力のブレンド）、④倫理的成熟度《エシカル・マチュリティ》（現実での善悪理解力）、⑤愛国心《パトリオティズム》（帰国しても恥じることなき正義の戦いの信念）に凝縮している。[*20]これらは、既述した海兵隊員の資質に示唆されている。

技能――ライフルマンシップ

海兵隊員は、「アメリカン・サムライ」と自認している。ヴァージニア州クアンティコ近郊の海兵隊ミュージアムのデザインは、アーリントン墓地の硫黄島に星条旗を掲げる海兵隊像をシンボリックに表現したものである（2-9）。海兵隊員は太平洋諸島、とりわけ渡辺謙主演の映画『硫黄島からの手紙』（二〇〇六年）にもなった知将、栗林忠道中将率いる同島における日本軍の勇敢な戦い方を尊敬している。

海兵隊の人事昇進制度と日本型組織の段階的昇進制度に類似性があることを指摘したが、海兵隊の文化も日本の文化と似ている。倹約、調和、階層、そして個人より集団を重んじる。アメリカ版日本という指摘もあるほどだ。[*21]刀が武士の魂とすれば、アメリカン・サムライの技能の根幹にあるのは「ライフルは戦士《ウォリアー》のシンボル」であろう。その信条を表現した詩（ウィリアム・H・ルパータス少将作）は海兵隊員に体現されている。

私のライフル：海兵隊員の信条（My Rifle: The Creed of a United States Marine）

2－9　左：硫黄島で星条旗を掲げる海兵隊の像（アーリントン墓地），海兵隊ミュージアムの外観（クアンティコ近郊）

これが私のライフルだ。これに似たものは多くあるが、これこそが私のものだ。このライフルは私の最良の友であり、わが命だ。人生を思うがままに生きるように、このライフルを思いのままに使いこなさねばならない。

私なしでは、このライフルは役にたたない。このライフルなしでは、私が役にたたない。狙いをはずさないように撃たねばならない。私を撃ち殺そうとしている敵より正確に撃たねばならない。敵より先に撃たねばならない。……

私のライフルは自分の命なのだから人間と同じなのだ。いわば兄弟なのだから、そのようにわかり合おう。その弱点、長所、部品、付属品、照準器、弾倉に精通しよう。風雨や天災から守ってやろう。自分と同じように、このライフルも身ぎれいでいつでも使えるようにしておこう。お互いの分身になるのだ。絶対にそうなる[*22]。……

なぜライフルか。「一撃必殺」(one shot, one kill) で敵を倒す心構えだ。アメリカ陸軍はM16ライフルを短くした近接戦闘用のM4カービン銃を支給しているが、海兵隊は連射を廃して単射と三発連射のM16A1ライフルの開発を主導した。無駄な弾丸消費を抑制するというコスト的理由もあるが、近距離の射撃よりも中・長距離以上の命中率を重視したためである。しかしながら、最近の「スリー・ブロック・ウォー」のような市街の近接戦闘の増加に伴い、新任のネラー海兵隊総司令官は、M16ライフルより軽量のM4カービン銃の拡張性を高めて標準ライフルとし、二〇一六年九月までに代替することを決定した。

海兵隊の射撃技術の優秀さはこのライフルマンシップに源流があるが、同時に、すべての海兵隊員は、いつ何時どんな立場であってもライフルを手にし、人命や財産、あるいは仲間を守るために、戦う覚悟を持っていなければならない。そして、一人が全体の足を引っ張ることがないように、切磋琢磨して、全員がプロフェッショナルとしてのスキルアップを目指す。なぜなら、戦場では一人の失敗が部隊全体に影響をおよぼすからだ。真の信頼関係は、卓越した技能の上にのみ成立する。射撃技術の卓越性への無限追求の職人道は、自らのみならず仲間の命を守ることであり、それを中核として他の技能が付加され、階級や専門領域を超えて、隊員を結びつける信頼の基盤となるのである。特級射手の資格をもつ海兵隊員は、戦闘部隊の基幹としてライフル部隊および軽装甲偵察分隊の中核メンバーになる。海兵隊員であり続けるためには、毎年かならずライフル（将校と幕僚勤務の下士官はピストル）検定に合格しなければならない。

5　組織過程

リーダーシップ

【師弟関係】前述の海兵隊マニュアルでは、「海兵隊が戦争で戦って勝つ」という存在意義を発揮するために、すべての海兵隊員の意識に植えつけるべきは「われわれがなにより も戦士《ウォリアー》である」ことだと強調する。その上で、リーダーシップについて「①他者を鼓舞する人たれ、②技術的に熟達せよ、③倫理的責任をもて」と規定している。[*23] つまり、行動と成果において、美徳、名誉、愛国心、従順を反映した高い倫理規範の鑑《かがみ》となること、軍事科学や技能に精通すること、部下に心身の健全性をもたらすことが、海兵隊におけるリーダーシップの特質として求められている。

さらに、海兵隊の将校や下士官が果たすべき責務、対人関係、階級間の関係などについても定義されているが、とりわけ注目されるのは、第一三代海兵隊総司令官レジューンが、海兵隊マニュアル（一九二一年版）に記した彼のリーダーシップについての哲学である。

その要旨は、将校と徴募された海兵隊員の関係を師弟関係と定義づけていることである。

・教師《ティーチャー》-生徒《ピューピル》アプローチ：将校と兵士の関係は、優劣や主従関係とはまったく異なる。それはむしろ教師と生徒の関係、父子の関係に近い。将校は、海兵隊において国家のために奉仕しようとする若者に対する規律や軍事教育だけでなく、彼らの身体的・精神的・倫理的な幸福を守る責務を負っている。

・さらに、アメリカの兵士は上官のよき指導力が発揮されれば、俊敏に対応する。そのようなリーダーシップの資質は、勤勉、率先、決断力、熱意、志操堅固、親切心、公正さ、自制心、利他心、名誉心、そして勇気である。すべての将校は、これらの資質を発揮する真のリーダーとなるべく、奮励努力しなければならない。

【指揮と統制】海兵隊では、組織の各階層において戦略・戦術の実行に機動的なリーダーシップを発揮することが求められる。軍事組織におけるリーダーシップの概念は、指揮（Command）と統制（Control）のプロセスであるとされる。指揮の哲学が強調していることは、第一に「作戦の望ましいテンポを生み出すために、そして戦闘の不確実性、無秩序、流動性に最もよく対処するためには、指揮と統制の分権化が必要である」（『ウォーファイティング』本書二七〇頁）ことと、第二に「大胆不敵、自発性、人格、意志の強さ、想像力のような人間の特性を取り入れるだけでなく、活用しなければならない」（『ウォーファイティング』同上）ことである。

複雑で緊急性を要し急展開していく状況では、官僚的もしくは独裁的な管理スタイルは機能しない。俊敏性を要する任務の場合、海兵隊には「三階層のルール」と呼ばれる経験的真理がある。MAGTFは、このルールを具現化した組織構造である。伍長は三人チームの班（team）、軍曹は三班編成の分隊（squad）、少尉は三分隊編成の小隊（platoon）、大尉は三小隊編成の中隊（company）をそれぞれ指揮し、同様のパターンで、大佐は大隊（battalion）、少将は連隊（regiment）、中将は師団（division）を指揮する。しかし、二等兵から師団長まで八つの層になり、これでは、ダイナミックな戦場で「現場の真実《グラウンド・トゥルース》」は公式チャネルの伝達プロセスで失われてしまう恐れがある。

この矛盾をどう解消するのか。海兵隊は、速さと有効性を阻害しないように「現場で判断できる権限を与える」という「任務戦術」（mission tactics）を行っている。これは、組織の最下位に位置する構成員に、組織にとって最重要任務の成否を左右する判断を下す権限を与えることを意味する。海兵隊員は、危機的状況になければ、平時の階級制度に基づく指揮命令系統に従って、他の部隊と調整し、指揮を執る。しかし、緊迫する事態にあっては、彼らはこの指揮命令系統を逸脱し、自ら判断する責務を負う。任務を完遂するために必要とあれば、最前線のリーダーが通常なら大佐が下すような判断を行うことさえある。

「指揮」のトップダウンと「統制」のボトムアップを両立させるのである。海兵隊にとって、「統制」はボトムアップを意味する。状況に応じて必要になる意思決定の権限、「オンデマンドの権限」を下位に与える、つまりマイクロ・マネジメントをしないことによって、フラット化ないしネットワーク化された組織構造よりも高い速さと有効性を発揮できるのである。[*24]

> 任務戦術とは、名前が意味するように、部下に任務を与える戦術のことであり、任務をいかに遂行するかについては細かく指示しない。任務達成の方法には部下に任せるのである。自由を与える一方で、義務をはっきりさせる。部下は状況に応じて必要だと判断したら、いかなる手段でも取るのである。任務戦術は、部下の自発性の発揮に依存するが、自発性は適切な指導と理解によって形成される。
>
> （『ウォーファイティング』本書二七八頁）

さらにその意思決定の実行は、最前線の最小単位まで降ろされる。海兵隊では、伍長《コーポラル》と三名の部下からなるライフル・チームが、海兵隊の各行動における任務遂行の要であるとされる。小部隊単位の実行スピードが、めまぐるしく変化する戦場において勝敗を決することになる。

海兵隊では、意思決定では速さと大胆さを求められる。八〇パーセントの解決とは、「即断という長所を備えた不完全な決定」のことであるが、これは衝動的な意思決定や即席のずさんな計画とは異なる。「小さな決定を頻繁かつ迅速に重ねていけば、土壇場に立たされた状態で、大きな決定を下さずにすむかもしれない」と考えられており、時間が最優先され、あらゆる角度から解析することによって決定を保留することは許されない。

意思決定のポイントは、「二段階《ツー・レベルズ》アップ」という方法にある。指揮官が隊員に命令する時には、自分の上官（全体目標）と自分（個別目標）の意図の「目的《ホワット》」と「理由《ホワイ》」を説明するが「方法《ハウ》」は任せる。一見トップダウンに見えるが、「理由」を説明するので、指揮官の計画を作戦全体の文脈に関係づけて合意形成を図る民主的コミュニケーションである。部下に大局観を与えつつ、個別の文脈に適合させる実行方法は実行者に任せる。流動する状況では、目的を遂行する実行手段が機能しなくなっても、「目的」と「理由」を理解しておけば臨機応変にほかの手段を用いることができるからだ。指揮官は、部下にやり方を指示しない努力をするのである。そして権限を委譲したからには、部下の行為に対してみずからも責任を取る。

ダンフォード第三六代海兵隊総司令官は、就任時のガイドラインであらためて『ウォーファイティング』を引用し、隊員の失敗の許容を強調している。

> 自発性、すなわち自らの判断で進んで行動することは、大胆不敵の前提条件である。これらの特性は行き過ぎると軽率さにつながるが、若い将校の過剰な大胆不敵によるまちがいは、学習の必要な一部であることを理解しなければならない。このようなまちがいは寛容に扱う必要があり、「完全無欠」主義はあってはならない。それをなくすということは、大胆不敵や自発性を罰則の脅しで抑止しない、ということである。それは、指揮官は部下のまちがいに助言しない、ということではない。建設的な批判は学習の重要な要素である。また、部下の愚かな行動や軽率な行動を好き勝手にさせることでもない。
>
> (『ウォーファイティング』本書二五一頁)

【率先垂範】将校は、最も過酷な訓練を課せられ、戦場で部隊を指揮し、戦闘時における死亡率も高い。最後に寝て、最初に起き、食事は最後にとり、自ら部下の手本となる。そのような将校と下士官、下士官と兵との関係は「師と弟子」であり、自分が死んでも部隊の指揮が機能するよう、みずからの知識を部下に伝承する。

元来、アメリカ海兵隊は、イギリス海兵隊を手本に創設されたが、将校と下士官・兵を分離するイギリス流の階級制度は否定した。既述したようにレジューン総司令官は、「将校と下士官・兵の関係は、決して優者と劣者、主人と下僕の関係であってはならない。むしろ師と弟子の関係であるべきだ」とし、海兵隊のリーダーシップ教育で制度化し、新任将校は兵士を部下ではなく弟子とすることを叩きこんできた。

海兵隊は、伝統的に下士官から士官を登用してきた。海兵隊では、他の軍隊ほど大卒であることに重きを置かない。高卒の下士官は、戦闘のプロフェッショナルとして戦場で生き残る技能と文化を伝承する師であり、海兵隊の神髄を体現している。下士官は隊員と生活し、戦闘の極限状態を共有し、自らの行動を通じて部下から必要な能力を引きだし、部下の個人的な相談にも応じる父親的な存在でもある。下士官は、隊員にとって畏怖《いふ》、尊敬、服従、そして憧れの対象である。

小隊と中隊の兵士の運営管理は、伝統的にその大部分を下士官に委ねるため、将校の比率は、ほかの軍種に比べてきわめて低い。[*25] 海兵隊下士官は上司の尉官や佐官の士官と共に将官（トップ）と兵士（ボトム）の相互作用の要の位置（ミドル）にある。下士官リーダーの上級曹長《サージャント・メジャー》や軍曹《サージャント》の協力がなければ、司令官といえども作戦遂行に支障をきたす。下士官は、現場を熟知する海兵隊の名誉と実力を備えた階級なのである。優秀な下士官の要件は、兵卒で四年間以上勤務すること、ないし軍曹であることとである。下士官の袖章の一本線は、四年間の兵役経験を示し、軍曹からは三本線となる。下士官を目指す新兵の憧れは、軍曹になることだ。とりわけ、戦闘歴約二〇年の一等軍曹《ガニー・サージャント》になることだ。指揮は将校が執るが、軍曹は将校の助言者、パートナーであり、分隊と戦車、車両、航空機などの職種において中間管理職や指導者として考えられている。例えば、一小隊の指揮は若手少尉とベテラン軍曹がペアを組み、ベテラン軍曹の豊富な現場経験が若手士官の新鮮な思考を支援する。ガニーはあらゆる階級の若い隊員の敬意を受け、海兵隊の「歩く広告塔」とも言われる。海兵隊の伝統を継承する「部族の知恵」の保持者なのである。[26]

優秀な下士官は、アメリカの平原に棲息する半野生の暴れ馬になぞらえてマスタングと呼ばれるが、士官志望であれば選別されて海軍兵学校ないし一般大学に送られ、大卒者の資格をえて士官候補生学校（OCS）に送られる。マスタングは、士官候補生のおよそ五分の一を構成し、クラス卒業生の最優秀者を占めることが多い。司令官と部隊、さらには組織全体のトップダウンとボトムアップを両立させる「ミドル・アップ・ダウン」を推進する核集団は士官・下士官のペアであるが、下士官的士官とも言えるマスタングが士官のあらゆるレベルにいることが、海兵隊の重層的な組織機動力の強力なエンジンとなっている。

意思決定――OODAループ

海兵隊の個人の意思決定の型は、「機動戦」概念の提唱者ジョン・R・ボイド空軍大佐が開発した「OODA《ウーダ》」ループに基づいている[27]（2-10）。このモデルは、ボイドの朝鮮戦争におけるパイロットとしての直接体験から生みだされた。朝鮮戦争の空中戦は、主としてアメリカのF-86セイバージェットとソ連のMiG-15の間で行われた。MiG-15

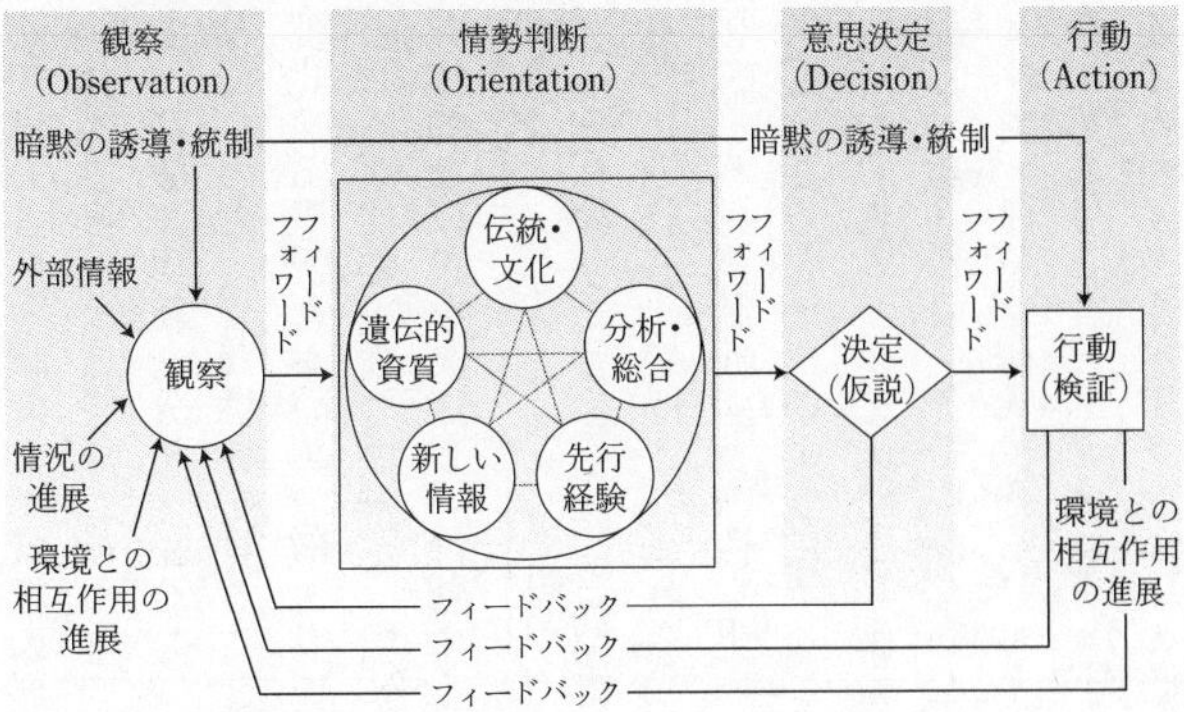

2－10　OODA（ウーダ）ループ
出所：Hammond（2001）190頁を一部修正.

は推進力や旋回性能の点でF－86に勝っていたが、なぜか撃墜率一〇対一でF－86が圧倒していた。ボイドは緻密な分析の結果、勝利の要因はパイロットの意思決定のスピードの差にあったと結論した。F－86のコックピットは、三六〇度の視界が確保され、MiG－15に比べて操縦桿の操作が容易であった。その結果、アメリカ人パイロットは敵パイロットより速く敵を発見し、行動に移すことができた。つまり、観察から行動への速度が決定的に速かったのである。この全視界を見て状況の展開を見る能力がOODAループを構成する基幹プロセスとなっている。

　OODAループの基本的段階は、観察（Observation）、情勢判断（Orientation）、意思決定（Decision）、行動（Action）の四つの意思決定プロセスで構成されている。最初の段階である観察では、五感を駆使して状況の展開を見る。自己の視点のみならず、相手の身にもなって全体図を直観する。第二の段階である情勢判断では、新しい情報と自身が蓄積してきた資質・経験や伝統を分析・総合して、代替案をつくる。自己の置かれた世界を見るだけではなく、どのような世界を見ることができるかの能力が問われる。ボイドも、状況が刻々と変化する戦況において、敵よりいかに素早く情勢判断と意思決定を行うかが勝敗を決するとして、情勢判断の段階を「Big O」と呼び、重視している。戦況を瞬時に掌握した後は、具体的な仮説を決定し、行動するのである。この一貫したプロセスは、新たな情報として再び観察され、新しいＯＯＤＡループが始まっていく。混乱する戦場において、この“see-decide-do decisions”と簡潔に言われるＯＯＤＡループを、敵より素早く回せるよう身体化されるまで叩きこまれる。海兵隊のライフルの撃ち方も、まさにＯＯＤＡのスキル化である。俊敏性が多様性を生みだすので、ＯＯＤＡループの要諦は、先手を取り、敵が対応せざるをえないようにすることである。

　ＯＯＤＡループの中でも一番重要な「Big O」(Orientation)は、遺伝的資質、伝統・文化、分析・総合、先行経験、新しい情報の相互作用によって形成される世界についてのイメージ、眺望、印象である。ボイドは、この同義語として、環境とのダイナミックな相互作用におけるメンタル・モデル、スキーマ、ミーム、暗黙知を当てている。[*28] ボイドは、後述するマイケル・ポランニーの暗黙知の概念にも影響を受けている。情勢判断のプロセスは分析《アナリシス》と総合《シンセシス》である。分析は、物事を要素に分解するプロセスであるため、総合のインプットに留まる。これも踏まえて、情勢判断では、個別具体の状況のなかで現象を一貫したイメージに統合しなければならない。一般的に真理に近づく方法論は、演繹と帰納の双方が必要であるとされるが、普遍から個別へのトップダウン思考は、演繹・分析であり、個別から普遍へのボトムアップ思考は帰納・総合である。したがって、創造性は基本的に帰納に関係するが、創造的な帰納にするためには、以前に普遍を構成していた命題を否定する破壊的な演繹が必要だとしている。ボイドは、明確に認識していなかったが、この方法論は演繹、帰納に対して後述するアブダクション（発想）である。

ただし、帰納法は演繹法に比べてリスクをともなう。論理的に与えられた「最大化」基準に基づきすべての代案を比較してベストを選ぶ分析的アプローチに比べると、経験と判断に基づくパターン認識の直観的アプローチは、「満足化」基準に基づく試行錯誤の「よりよい《ベター》」の追求である。戦争は、サイエンスというよりはアートなのであり、唯一最善の解はない。しかし、実行可能な第一のソリューションを直観的に生みだす意思決定は、多数の代替案を比較しないので、分析的意思決定よりははるかに速い、と主張されるのである。

コンフリクト解消

高度に複雑な水陸両用作戦では、混乱する上陸部隊を一貫性のある攻撃組織にまとめる必要がある。さらに、個人の自発性と絶対命令の順守を同時に両立させなければならない。しかし、戦場では矛盾の存在が常態なので、矛盾を受け入れ、相反する考えを同時に機能させるダイナミックなバランス能力が要求される。海兵隊員は、日々、次のような矛盾に直面している。[*29]

- 失敗覚悟でやるべきか、成功第一に考えるべきか
- 権限を与えるべきか、階層を守るべきか
- 計画を練りあげるべきか、即興で対処すべきか
- 規律を課すべきか、創造性を触発すべきか
- 中核業務を担うべきか、多機能業務を担うべきか
- 慎重に分析すべきか、素早く行動すべきか
- 隊員同士で競争させるべきか、他の隊員の成功を優先すべきか

海兵隊のリーダーは、このような対立概念のバランス感覚を磨くために、周到な計画や方法を立案すると同時に、勘と経験を駆使し、状況に応じて部下の即興的な自発性を支援

する。さらに、海兵隊の教育・訓練システムには、相反する価値観や特性が存在し、それらがバランスをとるようなプロセスが埋めこまれている。

『アメリカ海兵隊式経営』（二〇〇一年）で海兵隊の特徴を三〇の原則にまとめたデビッド・H・フリードマンは、海兵隊文化のほぼすべての価値観や特徴は、それぞれ相反していながらバランスを保っていると指摘している。そして、海兵隊の価値観は、個人の特性というよりは、組織的なバランスを取ることでフル・パワーを発揮する。海兵隊は組織的に見れば矛盾した存在であるが、複雑な環境への対応のただ中で、単純でも複雑でもない絶妙な精神構造《マインドセット》で、微妙な差異のある特性間の緊張を解消している。フリードマンは、海兵隊は「成功している大企業」と「わくわくするインターネット・ベンチャー」の最高の組み合わせになっているとも述べている。

また、海兵隊は他軍種に比較して、小規模でタスクフォース型の組織形態を採用しており、官僚制の逆機能を最小化できる。例えば、陸軍では歩兵、戦車、砲兵、兵站の職種間の壁がある。空軍ではパイロットとその他の職種の差異が明確で、戦闘機と爆撃機のパイロット間でさえ序列があり、競争が激しい。海軍では航空機の機種と艦艇の船種毎に合理的な序列がある。一方で、海兵隊は全員ライフルマンが共通する分母であり精神《エートス》なので、「マリーンである」だけで任務を遂行する。[*30] この仕組み、ないし文化がコンフリクト解消のスピード化と低コスト化を支援していると言えるだろう。

ここまで、海兵隊の環境変化のなかで不断に自己革新を行ってきた歴史と自己革新を可能にする組織の要素を、統合的コンティンジェンシー・モデルを参照しながら析出してきた。

6　まとめ

海兵隊は、太平洋戦争終了の一九四五年までの三〇年間に二六回におよぶ水陸両用作戦を実施し、その教義と実践を完成させた[*31]。それ以降は、常に大規模軍事行動の最前線に配備され、ベトナム戦争からイラク戦争に至る諸作戦で、劇的な成果を収めてきている。そしてなによりも特筆すべきは、アメリカ国民の信頼を勝ちえてきたことである。しかも、海兵隊はアメリカの陸・海・空軍に比べて最小規模で低予算である一方、アメリカ全軍の軍事的位置づけにおいては、海兵隊から統合参謀本部議長、ＮＡＴＯ軍司令官、戦略軍司令官、さらには国防長官を輩出するまでになっている。

しかしながら、実際の海兵隊の発展の歴史をふり返ると、こうした要素分析だけでは説明できない側面が数多くみられる。とくに、海兵隊の環境適応能力の特色は、環境の不確実性に対応するためにこうした要素を組み合わせることによって、柔軟に、しかも受動的に適応するだけでなく、自らを主体的に変化させて、来たるべき変化を先取りして能動的に革新を生みだす能力を兼ね備えているところにある。ここに海兵隊の機動力の源泉があると考えられる。

次章では、アメリカ海兵隊の卓越した知的機動力について、さらに組織的知識創造理論を展開し、その本質に迫っていこう。

第3章　海兵隊の知的機動力モデル

1　はじめに

統合的コンティンジェンシー・モデルは、組織の環境適応の諸要素の特色を分析するのにはきわめて有効であった。しかしながら、それらを総合する海兵隊のダイナミックかつ主体的な自己革新能力についてはまだ十分に説明しえていない。

軍事組織研究では、適応（adaptation）と革新（innovation）を峻別する。一般論として、適応とは、今の現実を未来のニーズに適合させることである。革新とは、適応するために新たな知識と価値を創造するプロセスであり、イノベーションは適応を加速化させるエネルギー源である。[*1]

軍事史家ウィリアムソン・マレーによれば、適応と革新を分けるのは、有事に軍事組織が両者を同時に行うことが困難だからである。二十世紀における軍事組織の戦争適応をふり返ってみると、平時に未来の戦闘を想像し、想像したことを実現するための新たなコンセプト（概念）を創造して、それらの実行可能性《フィジビリティ》を演習で評価し、人事を刷新して、実戦に適応することのできた軍事組織が勝利している。成功したイノベーションは、上級指導者が率直に過去に向き合い、未来の戦争についての知的研究を支援する真剣さの度合に負っていた。軍事組織の最大の課題は、「過去の成功体験への過剰適応」をいかに克服するか、なのである。

さらにマレーは、最もすぐれた適応と革新の事例は、一九二〇年代と三〇年代にわたってアメリカ海軍・海兵隊の将校団が生みだした空母機動部隊と水陸両用作戦というイノベーションであり、そのプロセスにこそ二十一世紀の軍事指導者が学ぶべきだ、と提言している。[*2]平和な時に未来を見すえた現実的な戦争準備をしない軍事組織は、未来の戦争に適応することはできないのだ。

統合的コンティンジェンシー理論の基盤には、サイバネティクスの情報処理パラダイムがあった。環境の変化が生みだすエントロピー（無秩序）は、多様な情報量を不可逆的に増幅させ、組織の情報処理能力を相対的に低下させていく。外部環境の多様性（情報処理の負荷増大）に対抗するには、組織内に最小有効な多様性（情報処理能力の要素）を持たなければならない。組織の環境適応能力は、ウィリアム・R・アシュビーの最小有効多様性の命題「多様性のみが多様性を破壊できる」（Only variety can destroy variety.）に集約することができるのである。[*3]

実際に海兵隊は、このような環境の不確実性に受動的に対応するのではなく、情報の量よりも質的な意味、すなわち知識や概念や価値を主体的に創造することによって、多様性の次元を変えてしまうイノベーションを行ってきた。例えば、「近接航空支援」という概念を開発することによって、三人ひと組のライフルマンが味方の攻撃機一機との連携で敵一個大隊を壊滅するイノベーションなどである。これは物量に依存する消耗戦に対して、知的機動力を活用する「機動戦」的な戦い方である。

アメリカ海兵隊の『ウォーファイティング』の最終章は、次の言葉で結ばれている。「要するに、機動戦とは、われわれの損失を可能な限り最小限にとどめながら、敵に最大限の決定的な打撃を与える哲学、すなわち賢く戦う（fighting smart）ための哲学なのである」。換言すれば、「賢く戦う」哲学は、組織能力を知力で変革する「知的機動力」（Knowledge Maneuverability）を基盤とするのである。

海兵隊は、歴史的に、直面する環境の変化に主体的に適応する持続的な自己革新に挑戦してきた。自己革新は、たえず変化する現実を直視し、既存の概念との矛盾を解消するために、新たなコンセプトやモデルを創り、主体的に変化を生みだす無限のプロセスである。矛盾、あるいはクラウゼヴィッツ流に言えば、摩擦《フリクション》の解消プロセスは、机上の論理だけでは解決できない。現実に向き合いながら徹底的に考え抜くが、環境や他者との相互作用のただ中で、つど開かれてくる状況を利用しつつ、論理的「絶対《ベスト》」ではなく、「いま・ここ」で「よりよい《ベター》」決断と実行を積みあげながら、矛盾を解消していくのである。適応と革新の定義は異なるけれども、両者は適応、革新、適応、革新の連続体であり、持続的な組織的知識創造のプロセスそのものである。適応と革新の歴史的ダイナミズムを無視して、突如、破壊的イノベーションが生まれることはありえない。

本章では、持続的な自己革新を続ける海兵隊の組織的知識創造プロセスを解明し、海兵隊の「知的機動力モデル」を構築していく。

2　知識創造モデルの哲学的基盤

「知的機動力」モデルをよりよく説明するためには、理論的モデルの中核コンセプトを「情報処理」(information-processing) から「知識創造」(knowledge creation) に変換しなければならない。情報は、主体にとって外発的であるが、知識は信念から生まれ、内発的である。情報は物理的に情報量ビットで計算できるが、知識は情報の意味解釈である。人間が主体的に情報を感知し、解釈し、実践し、身体化しなければ知識や知恵にはならないのである。実際、海兵隊は、情報と知識の概念をマニュアル体系のなかで明確に定義し、知識の役割を重視している。[*4]

コンピュータの発展に伴う一九七〇年代の「認知」革命 (cognitive revolution) までは、

心の動きは情報処理過程であるととらえられてきたが、そのプロセスを解明しても意味のある主観的な感覚や体験は解明できなかった。心は、環境から孤立した主体内部の機械的な情報処理過程というよりは、具体的な環境のただ中で生きるための行為を通じて、データを情報に、情報を知識に、さらには知識を知恵に変換し、心の存在を確立してきたのだ。行為を実現するには、感覚・知覚・思考が行為と直接結合し、身体を媒介にして環境とオープンに相互作用する「身体化された心」(embodied mind)が必要だ、とする現象学の影響を受けた脳科学のアプローチが主流となりつつある。[*5]

　われわれは、ノーベル経済学賞を受賞したハーバート・A・サイモンによる人間をコンピュータに喩えた認知科学の情報処理モデルから、主体的に意味を生みだす知識創造モデルへのパラダイム変換に挑戦してきた。サイモンの人間観は、「アリ」のメタファーで喩えられる単純な認知能力者である。海岸を歩くアリの軌跡は一見複雑に見える。それは、アリが巣の方向はわかっていても、直前の障害物は予知できないために、障害物にぶつかるたびに進路を変えるからだ。複雑な軌跡は、アリが複雑だからなのではなく、環境の複雑さを反映しているにすぎない。組織は、個人の認知能力の限界合理性を克服するために、客観的・機械的・階層的な情報処理システム(官僚制)を設計するのである。[*6]

　人間の意思決定は主観的な価値観が基盤となるが、サイモンは意思決定前提から価値前提を外し、事実前提に限定することによって、「科学的」組織論を構築した。このようなアプローチは、脳があらゆる情報を意識的に、分析的に、抽象的に処理するという伝統的な「脳」観につながっている。

これに対して、われわれの知識創造モデルの基盤となる概念は、マイケル・ポランニーの人格的知識（personal knowledge）としての暗黙知である。先述したボイドのOODAループもこのポランニーの影響を受けている。海兵隊の知的機動力の本質を「組織的知識創造理論」の枠組みでとらえなおす前に、まずは、暗黙知とはなにか、についてその哲学的基盤を説明しておこう。

プラトンやデカルト以来現代に至るまで、西欧における知識論の主流は、主観を排した形式知のみが知識である、という考え方である。それに対し、エトムント・フッサールは、著書『ヨーロッパ諸学の危機と超越論的現象学』で「日常性の数学化を推し進める諸科学が客観的に確定しうるものだけを真理とするならば、世界に生きる人間の存在は意味をもちうるか」と問い、「人間の生き生きした主観こそすべての学問の根本であるべきだ」との信念から現象学を構築した。[*7]

現象学の影響も受けて、「すべての知識は暗黙的か暗黙知に根ざす」のであり、身体性に根ざす信念や主観こそが知識の源泉であると主張したのが、ハンガリーに生まれ五十歳にして物理化学者から科学哲学者に転じたポランニーである。彼は、現代のカール・ポパーに代表される客観的で科学的な形式知のみが知識であるという偏見から脱却するために、

「知ること」とは傍観者的な「認識主体なき知識」（knowledge without a knowing subject）ではなく、全人的なコミットメントが不可欠だと認める。そして、信念と理性、主観と客観、アートとサイエンスのバランスがとれた知識観を回復させるべく、哲学の難しい専門用語《ジャーゴン》にこだわらず、しかし直感的に腹に落ちる「暗黙知」という概念を提唱した。

ポランニーは、知識は暗黙知（tacit knowledge）と形式知（explicit knowledge）という二つの次元で構成されており、プロセスあるいは動名詞としての暗黙知（tacit knowing）こそが知識の源泉であると唱えた。[*8] そして、ばらばらの部分的な知の要素を関係づけ、一貫性のある包括的全体をボトムアップで推論して、総合的に新しい意味をつくる能力を「暗黙的統合」（tacit integration）と名づけた。われわれの「知る」という行為と方法は、暗黙的統合という能力を基礎に生みだされる。暗黙的統合は発明・発見・創造の技能とも言える。細目（近接項）と全体（遠隔項）の相互作用のプロセスでは、部分的な細目のレベルから全体のレベルに向かって進むにつれ、個々の細目も感知し直され、それらがまたより全体に近いレベルと細目レベルとの関係性にフィードバックされて、新たな高次の意味が創造されていく。一つのレベルから上位の層が生まれるのが創発（emergence）であり、上位の概念が細目の意味を規定する。階層は目的に応じて上下に無限につらなる。この部分→全体→部分の「から〜へ」（from-to）の一連のダイナミックなプロセスが、暗黙的統合によって起きるのである。

暗黙的統合の例として「鑑識眼」がある。例えば、病気の診断において、医師は患者の顔相やレントゲン写真など（部分）を見て患者の病状（全体）を知るという目的のために焦点化し、諸部分を暗黙的に統合し診断している。病気の診断や顔の識別、美術品の鑑定などは「見るアート」と言える。また、ピアニストは、自分の指の動き（細目）を副次的に意識しながら曲を奏でるという目的のために焦点化し、諸部分を暗黙的に統合し演奏している。自転車に乗る技能もピアノの演奏と同様に「するアート」である。「イメージするアート」も暗黙的統合である。例えばシャーロック・ホームズは、「長年の習慣で、ぼくの思考力は鋭くなっていますから、途中の一つひとつの段階を意識してたどらなくても、すぐに結論に到達してしまうのです」「細かな点を観察すれば、事件の本質が分かるんだがね」[*9]と普通の人なら見逃すような細かい、たった一つの事柄を見分けて、一貫性のあるストーリーを創りあげていく。ホームズの推理の名人芸の基礎である。

このように、個人の暗黙的統合は、副次的意識（細目）から焦点的意識（全体）を構成する能力であるが、全体よりも細目に焦点化してしまうと、新しい意味を生みだせない。ピアノの演奏でも、音符の一つひとつと指の動きの一致に焦点化しすぎると、音楽全体としての意味あるパフォーマンスは破綻する。

暗黙的統合では、副次的意識をすべて言語化することはできない。それは、想像力と直観を含み、意味生成の基盤となるが、無意識的に感知されるために、明確に語りにくいからである。しかし、焦点的意識によってとらえられるものははっきりと概念化しやすく、意味を持っているので意識的に語ることができる。言い換えれば、部分を身体感覚（bodily senses）でとらえ、それらに概念的なものを加えた全体が「心」（mind）とも考えられる。心が身体と一体的に構成されていることを示している。これは、客観主義的知識論、すなわち心と身体を分けるデカルト以来の心身二元論に対して、両者は分けられないとする東洋哲学の「心身一如《しんしんいちにょ》」や、世界と心を身体の行為から生みだすと言ったフッサールやメルロ＝ポンティらの現象学、それに基づく認知科学者フランシスコ・ヴァレラの「身体化された心」（embodied mind）と通底する考え方である。[10]

さらに、ハワイへの旅行経験を使って説明しよう。空港から出ると州花のハイビスカスのレイで歓迎を受ける。車でパイナップル畑をドライブし、ホテルの近くでフラダンス・ショーと出遭い、多種多様な人たちが行き交う雑踏のマーケットに入り込み、ワイキキビーチで波に乗る。ここまでの意識的・無意識的な経験（細目）をイメージとして統合（全体）してみると、ハワイは「楽園」であるというコンセプトになるかもしれない。しかし、二日目に真珠湾のアリゾナ記念館や戦艦ミズーリ、太平洋航空博物館などをめぐり、カネオヘ・ベイの海兵隊の基地を見る。そして、日本海軍航空隊の真珠湾攻撃の歴史を知る。こうした経験を加味し、時間的・空間的に広い視点でハワイを見ると、単なる楽園ではなく、太平洋戦争においてはアメリカの戦略的に最も重要な前進基地であり、中国が擡頭する今日ではハワイ、日本、インド、オーストラリアを結ぶ安倍政権の「アジアの安全保障ダイヤモンド」の重要な一角であることが「わかる」ようになる。

　このように、部分と全体は相互作用する関係にあり、何に焦点を置くかという目的性、つまり、「何を見ようとするか」を変えることにより、細目と全体の関係を行き来して、暗黙知から新たな意味を生みだす。この目的性は恣意的に変化させられる側面がある一方で、無意識的に働いている目的意識、またはフッサールの提唱する「受動的志向性」という側面がある。

　この現象をポランニーは、「人間は語れる以上のことを知っている」(We can know more than we can tell.) と言っている。例えば、海兵隊の場合には、ライフルを撃つ技能を獲得するためには、「ライフルを撃つ」ことを焦点的意識(遠隔項)とする。副次的意識(近接項)となる細目は、照準の合わせ方、呼吸の仕方、引き金の引き方、風速の感知、姿勢の取り方などである。それらの細目から全体を包括する意味へ焦点を合わせて、はじめて「ライフルを撃つ」という意味を知ることができるのである。ここで重要なのは、どこに焦点をあてて何を全体とするかを決めるのは、主体の目的意識だということである。「一撃必殺」の思いが必要だ。

　全体の意味は、細目を総合することによって生み出されるのであり、細目を単に寄せ集めるだけでは生まれない。つまり、全体の意味はボトムアップ的に細目をまとめ上げることによって生み出される。逆に、各細目の深い意味は、全体の意味がわかってからトップダウン的に個々に見直さないとわからないのである。人工知能が飛躍的に発達した今日においても、ダイナミックに変化する文脈に応じた全体目的の設定は、人間だけしかできない独自能力である。

このように部分と全体が往還する「暗黙的統合」による知識創造の方法は、ボイドのOODAループにおける創造的な帰納、あるいはプラグマティズムの哲学者チャールズ・S・パースの提唱したアブダクション（仮説生成）と通底する。演繹法《ディダクション》と帰納法《インダクション》に加えて第三の推論としてアブダクションを提唱したのはアリストテレスであるが、パースは演繹法も帰納法も新しいアイデアを生みださず、科学のすべてのアイデアはアブダクションによって生まれる、と主張した。アブダクションは事実の察知から始まるが、そのためにはなによりも目的意識が必要である。自らの信念や思いに基づいて焦点を決め、細目を観察してそれらを総合することにより仮説が生まれる。この目的意識の有無こそが、アブダクションが他の知の創造の方法と異なる点である。演繹法は、普遍の論理的命題から個別の事象を分析しその真偽を導くが、普遍の命題を超える発見はない。帰納は、現実の個別の事象の集積から普遍的な真理を抽出して新たな命題を提示するが、既存の知のカテゴリーを超える推論はない。一方、アブダクションは、現実の個別の事象のかすかな徴候にも驚きや変化（細目）を察知し、関係するありとあらゆる知見を統合して飛躍した仮説を創り、試行錯誤的に検証しながら新たな発見に至る。事件を解決するという目的意識の下で、どのような微細な事実も見逃さず、大胆な仮説を見出すホームズも、まさにアブダクションによる推理を実践しているのである。[11]

ポランニーに話を戻すと、彼はある事物を近接項として機能させるためには、その内部に「棲みこむ」（indwell）ことによってそれを自己の身体の内部に統合する「身体化」が必要になる、と述べている。最近の脳科学の研究では、「心」は脳にあるという伝統的な考え方に対して、心は脳の中だけではとらえられず、身体や周囲の環境に雑然と漏れ出しており、脳と脳以外の身体、意識と無意識の相互作用のプロセス全体、すなわち「拡張された心」（extended mind）であるという。[12] これまでの西洋哲学の流れをくむ科学では、脳が身体に命令を出す司令塔であり、脳が身体を支配すると考えられてきたが、世界から受け取るすべての情報は、身体を通じてしか脳に入って来ないのである。外界からの情報の多くが身体を媒介にして無意識に取り入れられるが、知覚できる身体の反応を「記憶」を参照しながら仮説にして説明していくのがダイナミックな脳の基本的な機能である。これは、「暗黙的統合」のプロセスにほかならないのではないか。環境において心身一体のダイナミックな相互作用が起きることによって、知識が創造されるのである。

パーソナル・ナレッジ（personal knowledge）とも表現される暗黙知は、知を主体的に求める人が全人格（person as a whole）を投入して追求する知識の理想なのである。[13] 人格は、身体性とその人の過去・現在・未来の思いを含んだ全体としての人間である。したがって、暗黙知は本来「個人的知識」ではなく「人格的知識」と訳すべきであり、個人の全人格が能動的な知性全体の中心なのである。知ること（knowing）には全人的コミットメントが不可欠であり、何が知識になるかは個人のコミットメントと能力、そして限界に影響されるとも言える。したがって、暗黙的知識は、究極の真理に到達しようとするプロセスにおいて、常にその時々の「部分‐全体」の相互作用における諸段階にすぎないとも言える。

それでもなお、そこに隠れた真理があることを担保するものは何か。ポランニーは、品位と美意識のある「知の探索者《エクスプローラ》」の普遍的意図《ユニバーサル・インテント》と無限の目的達成への卓越性《エクセレンス》を追求する職人道《アーティザンシップ》やプロフェッショナリズムがあるかぎり、単なる主意主義や現場主義のドグマに陥ることはない、と主張するのである。

3　組織的知識創造理論

われわれは、知識を「個人の全人的な信念／思いを「真・善・美」に向かって社会的に正当化していくダイナミックなプロセス」（Knowledge is the dynamic social process of justifying a personal belief towards truth, goodness, and beauty.）と定義している。ここで belief を

信念／思いと訳しているのは、belief は本来日本語の信念だけでなく思いのような言葉にしにくい考えも含むからだ。

ポランニーの功績は暗黙知の次元を明らかにしたことであるが、形式知との相互作用を解明していないとも言える。ポランニーの知識論は、「暗黙知」と「形式知」の相互作用という側面にはほとんど関心がなく、暗黙知の次元の開示にとどまっている。したがって、ポランニーの知識論だけでは、知識創造の原理を明らかにすることはできない。

われわれの組織的知識創造理論は、ポランニーの暗黙知や暗黙的統合を基盤としながら、その後の人文学、社会科学、認知科学、脳科学などの知見を取り入れて体系化し、組織の知識創造プロセスをモデル化したものである。[*14]

暗黙知とは、言語や文章で表現し難い主観的・身体的な経験知であり、特定の文脈ごとの経験の反復によって個人に体現される認知スキル（信念、メンタル・モデル、直観、ひらめきなど）や、身体スキル（熟練、ノウハウなど）を含む。これと対照的な性質をもつ形式知は、特定の文脈に依存しない一般的な概念や論理（理論モデル、物語、図表、ドキュメント、マニュアルなど）を含む言語知である。暗黙知と形式知は、存在論的には一つの知識であるが、認識論的には暗黙知と形式知の二面性ないし次元を持つ。両者は、存在論的には一元論であり、認識論的には「あれかこれか」の二項対立（dualism）ではなく、「あれもこれも」の二面性（duality）の動的平衡関係としてとらえられる。われわれは、両者の相互変換のプロセスによって新たな知が組織的に創造されると考える。

　暗黙知と形式知の関係は、コインの表裏のように喩えられることもあるが、その境界は動的で明確には分離できない。暗黙知と形式知の関係を氷山のメタファーで表すと、水面から出ていて目に見える部分が形式知であり、水面下に沈む何倍にもなる大きな塊が暗黙知である。形式知は暗黙知を基盤として生成され、形式知の伝達においても意味解釈が行われる際には、個人の暗黙知が介在する。知識の根本には、潜在的に働いている「動詞」あるいはプロセスとしての暗黙知、より正確には暗黙的統合があり、それを固定化・表出化したのが「名詞」あるいはプロダクトとしての形式知なのだ。このように、暗黙知と形式知は互いに独立して存在するのではなく、相互補完的であり、連続体として一つである。フロー状態の「動詞」（knowing）を「名詞」（knowledge）としてストック状態にすることにより、取扱いや伝達が容易になる。そして、名詞となった形式知を受け取った側が実践して体験し、解釈することで再び動詞にもどる。われわれはこの変換過程で意識の有無を問わずに知識の伝達や共有を行っているのである。

　しかし、暗黙知と形式知は対照的な性格を有するがゆえに、その相互作用プロセスにおいて弁証法的な創造のダイナミクスを内包し、そのダイナミクスによって新しい知識が生まれる。[*15] 個人の生活世界での体験からえられた暗黙知は、一人称で内から外へと語られることによって対面的な二人称の集団から、三人称の組織の形式知へと変換される。一方、

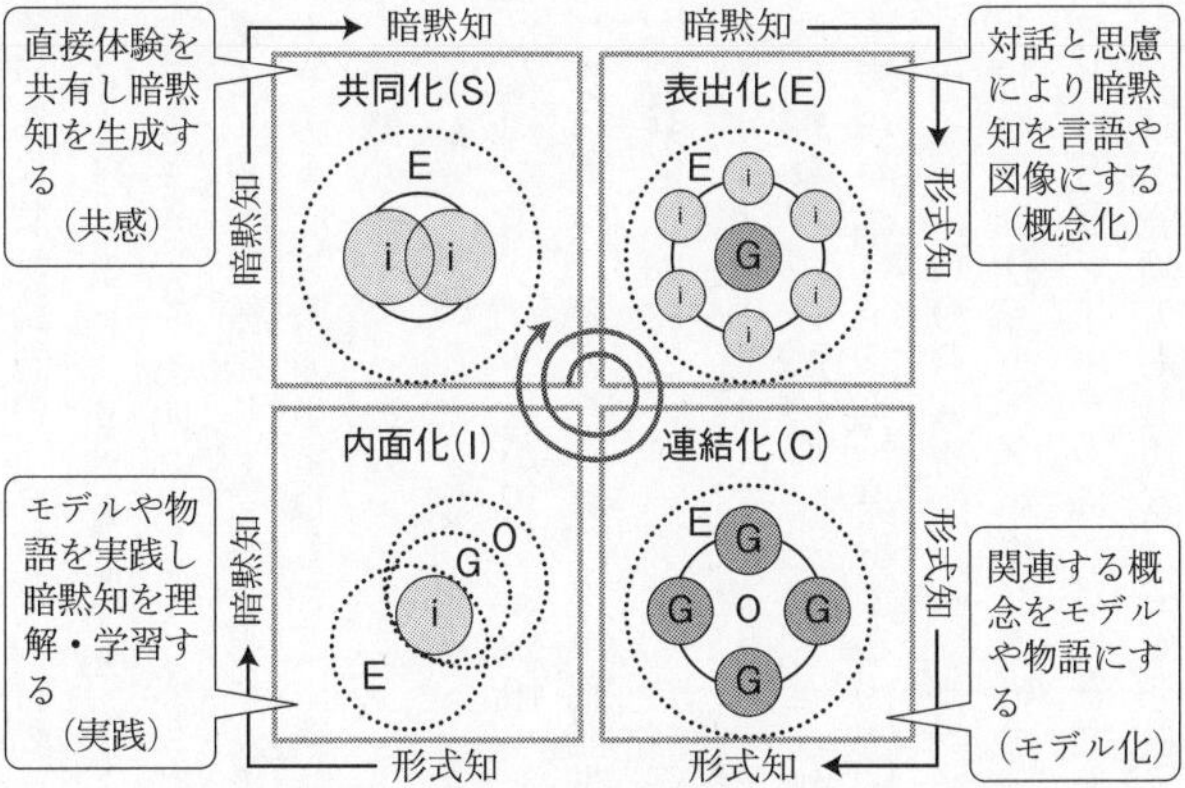

3 - 1　SECIモデル——組織的知識創造のスパイラル
注：図中のｉは個人（individual），Gは集団（group），Oは組織（organization），Eは環境（environment）を表す．

マニュアルなど言語化された形式知は、実践を通じて外から内へと取り込まれて体化することにより、再び個人の暗黙知へと変換される。

　組織的知識創造プロセスを説明するSECI《セキ》モデルは、ポランニーの暗黙知が基本的には個人のモデルであるのに対して、個人・集団・組織のレベルの暗黙知と形式知の相互変換を示す集合知のモデルである（3-1）。SECIモデルは、個人が他者との直接対面の相互作用を通じて暗黙知を共有する共同化（Socialization）、個人間の暗黙知を対話・思索・メタファー（喩え）などを通して概念や図像、仮説などを創り形式知に変換する表出化（Externalization）、集団レベルの形式知を組み合わせて物語や理論的モデルに体系化する連結化（Combination）、試行錯誤の矛盾解消の行動を通じて形式知を具現化し、成果として新たな価値を生みだすと共に、新たな暗黙知として個人・集団・組織レベルで理解し体得する内面化（Internalization）の四つのフェイズの知覚・認識・行動様式からなるプロセス・モデルである。思いを言葉に、言葉を形に、そして形をノウハウに変換していくのである。ＳＥＣＩモデルは、循環を重ねるごとに暗黙知と形式知の沈殿層がその厚みを増していく螺旋《らせん》状の展開を示す。この四つのフェイズをスパイラルに繰り返すことによって、知識は個人（一人称）、集団（二人称）、組織（三人称）の間（場）での部分‐全体を循環しながら、新たな知を創り、それが新たな価値へと結実して、新たな関係性を生みだし、社会的組織としてのエコシステムにおける知識創造へとつながっていく。

海兵隊におけるダイナミックな自己革新プロセスは、組織目的の実現に向かって絶えず変動する現実を直観し、共観して、既存の概念との矛盾を解消しながら、新たな概念や意味を創り、主体的に変化を生みだす無限のプロセスであった。これは、まさしくＳＥＣＩモデルのスパイラルが提示するダイナミックな組織的イノベーションそのものである。

ボイドのＯＯＤＡループも、ポランニーの暗黙知の概念を参照している。とりわけ、ボイドのＯＯＤＡループが観察で始まっていることに注目されたい。ＯＯＤＡループとわれわれのＳＥＣＩモデルは、重要な共通項をもつ。両者とも意思決定ないし知識創造の起点を、直接経験である観察（Observation）や共観（Socialization）という暗黙知の獲得プロセスであるとする点である。現在の脳科学によれば、脳は現実世界のイメージを経験と記憶に基づいて絶えず再構成しているが、意識的に行われることはわずかで、大部分は無意識に進行している。「計画する」から始まる、いわゆるＰＤＣＡサイクルのような分析的な効率追求のための実践的モデルではなくて、直観から概念、分析、総合に進む創造的な実践的モデルである。方法論的には、普遍の論理的命題から個別の結論を導く演繹法よりは、現実の個別から普遍を紡ぐ帰納法に近く、現実に基づきつつもそこから飛躍するための仮説を創る発想法としてのアブダクションを含む。命題の論理的な真偽を判断する「より良き実践」を正当化する実践的三段論法である。[*16] とくに、ＳＥＣＩモデルにおける表出化は、概念や仮説の創造であり、アブダクションに相当する。連結化は、概念・仮説のモデル化・操作化であり、演繹的である。さらに内面化はモデルの検証、実践であり、帰納的である。このように、ＳＥＣＩモデルはアブダクションを、演繹と帰納によってより確実なものにする実践的統合モデルなのである。[*17] それでは、海兵隊において「組織的な」知識創造がいかに行われているのかを詳細に考察しよう。

4　組織的知識創造能力とリーダーシップ

ボイドのOODAループとわれわれのSECIモデルは、直接経験を起点とする点で共通項をもつが、両者の違いは、ポランニーの場合と同様に、前者が基本的に個人の意思決定モデルなのに対して、後者は組織的知識創造モデルという点である。人間はそもそもはじめから孤立した個人ではなく、人と環境の世界の間で人となる社会的存在である。

海兵隊の知的機動力の源泉は、海兵《マリーン》一人ひとりの暗黙的統合を組織化していることにあるのではないかと考えられる。つまり、細目（近接項）と全体（遠隔項）が相互作用し、より低次のレベルから高次のレベルに向かうにつれて、より低次の個々の細目も感知し直され、それらがまた高次との関係性にフィードバックされて、新しい高次の知が創造されるという、部分‐全体、「から〜へ」（from-to）の一連のダイナミズムを組織的に行っているのが海兵隊ではないか、ということである。海兵隊は、SECIモデルでとらえられる組織的知識創造プロセスを組織全体のあらゆるレベルで創発させるリーダーシップや仕組みを開発してきた。では、このプロセスを可能にする能力とその理論的背景は何なのか。

共同化力

共同化《ソシアリゼーション》（S）のプロセスでは、主観的・身体的な暗黙知が直接共有され、感情や価値観を共有しているという感覚が生まれてくる。社会学の基本的な概念である「社会化」、すなわち「連帯」（solidarity）の基盤である。ポランニーは「棲みこむ」（indwell）と表現しているが、共同化には他者あるいは環境に感情移入ないし共感（empathy）し、「相手の立場に立って物事を見ること」、つまり、他者の感情や身体の動きの感覚の類似（同質性）や対比（異質性）から意味を直感し合うが、同時により実践的・理性的・客観的な判断も含めて、他者と共に「物事を観る」共観（sympathy）につなげていく。[*18]

このプロセスは、現象学の「相互主観性」（intersubjectivity）の概念に通底する。[*19] 相互主観性とは、複数の主観がそれぞれの独自性を維持したまま、共同で築きあげる「われわれ」（we）の「共同主観」のことである。相互主観性は、意識の三段階を通じて発達する。第一段階は、母と乳飲み子の関係のように、「生き生きした現在」が身体的に主客未分の「我《われ》 - 汝《なんじ》」（I-Thou）状態として無意識に共有されている受動的綜合（感性の綜合）の状態。第二段階は、言語の習得による自我の確立にともなう主客分離によって「われ - それ」（I-It）という他者をとらえる能動的相互主観性（知性の綜合）の状態。第三段階は、より高次の感覚の次元で、主客未分を再現する「我 - 汝」の関係で、自己に固執せず、自己中心化から解放されて、他者と触れ合う無心・無我の相互主観性（感性と知性の綜合）の状態である。フッサールは、親子関係を起源とする「我 - 汝」関係が無意識のうちにも長期記憶に蓄積されていて（過去把持）、人間が真に他者に向き合い、身体感覚を共感して他者の感じに没入する時に、主観と客観の分離を超えた相互主観性が再現されると主張する。[20]

共同化は、個人間に生じる成人の「我ー汝」関係を場として、主客未分の共感を通じた気づきや発見による知の獲得・共有のプロセスである。自然科学の方法論は、客観的時間・空間における観察の論理と数理に基づく分析的方法であるが、人間の感覚や感情の意味、生きる動機、環境との関係性の意味づけなど、質感覚《クオリア》や生き方の主観や価値観を問わない。現象学は、知の起源は感覚知（暗黙知）にあるとして、感性と知性を綜合する全体としての人間が、両者をいかに綜合して生きるのかを理解しようとする。世界の具体的な意味は、直接に身体を通してしか与えられない。そのための現象学的還元という方法は、客観的・分析的方法論をいったん括弧《かっこ》に入れて（判断停止：エポケー）、自己の感じるままの「生き生き」とした感覚の世界に差し戻すと同時に、本質直観ではあらゆる知識を総動員して事象の普遍的な本質に迫るというアプローチをとる。その場合の一人ひとりの本当の感覚は、意識にのぼる以前にはたらいている他者との感覚野の類比と対比の共感（連合）や相互作用《カプリング》から生まれてくる。そして、事象は不断に動いている。したがって、共同化は受動的な感情移入《エンパシー》から能動的な共観《シンパシー》との相互作用に向かう意味生成の不断のプロセスと考えられる。[21]

近年の脳科学の発見で注目されているのは、われわれの脳内にあって他人のしていることとを見て自分がそれをしているかのように感じさせる細胞「ミラーニューロン」があり、「共感」の土台はここにあるとされる。さらに、ミラーニューロンは運動、感情、触覚システムとも関係しており、「シェアード・サーキット」という共感脳（empathetic brain）の概念も提唱されている。人間の心は身体に根ざし、脳の根本原理は、われわれを共感させることにあるというのである[*22]。

近年著しい開発が進むＡＩですら実現できないとされる「心」の領域が、この身体性を基盤とする質感覚を媒介とした共観と共感の能力である。人の意識の働きや経験のなかで極めて中心的な役割を担う質感覚だが、これが生まれるメカニズムは脳科学でも解明されておらず、当然、現在のＡＩにも質感覚は備わっていない。しかし、人間の身体と質感覚を持たないＡＩには、人の共観／共感能力を代替できない可能性が高いと指摘されてきている。つまり、いくらＡＩの機能や精度が上がっていっても、共観や共感能力とは、人間にしか成しえない技能であり続ける可能性が非常に高いのだ[*23]。

フッサールが提唱したキネステーゼ（動感）という概念も、ミラーニューロンや相互主観という概念と共鳴する。動感とは、物理的な身体の運動そのものと、それと同時に即発的に働いている身体感覚とを、不可分な知覚として統合的にとらえる能力であり、これは暗黙知の一種に分類される。つまりこの概念は、われわれの身体に局所づけられた感覚の働きが、見る、聞く、触る、歩くという身体運動と一体になっていると同時に、われわれ自身が主体的に生み出す運動意識そのものであることを説明している。この動感という感覚能力も、共感を媒体に他者に伝えることができる。ある特定の動きが、ある個人から他者に伝わるとき、学ぶ側は教える側の身体の動きや感覚を自分の身体で感じ取り、実践することによって、その特定の動きとそれにまつわる身体感覚を理解し体得していく。海兵隊員の場合は、動感的な相互主観や共感を通して、ブート・キャンプなどの訓練時には、戦場で必須の動き方、身体の使い方、それにまつわる身体感覚を他者から感じ、実践し、身につける。そして戦闘時には、訓練で研ぎ澄まされた動感を駆使して、味方の身体的状況や能力も深く察知する。[*24]

ベンジャミン・リベットの「意識は行動より〇・五秒遅れてやってくる」という実験結果は、動きの因果関係を「気づく→動く」ではなく、「動く→気づく」という順序に逆転させた。[*25] 実際の戦闘では、分析的な「気づく→動く」ではなく、敵の動きを無意識に身体が感知し、いま・ここで「どう動くべきか」という未来予知が受動的綜合で先に構成されているから、体が先に動いて敵より先に「撃てる」のである。動感は、生理学的な運動感覚情報を集めた感覚意識ではなく、経験直下の動感を過去把持でつなぎ止めつつ、未来予持を働かせ、絶えず変動する「いま・ここ」という幅のある現在のただ中で綜合化される運動感覚の意識なのである。ライフルマンが未来を先読みできるのは、「どう動くべきか」という動感意識がブート・キャンプの共同化を起点として、内面化にかけてのスパイラルが構造的かつ組織的に組み込まれているからなのだ。

海兵隊の特徴に、「海兵隊に入るのではなく、一つになるのだ」(You don't join the Marines, you become One.) というのがある。そう言われても、赤ん坊から成長する過程で自我の発達と分析の方法をたたき込まれてきた青年に、短期間で「貴様と俺」の「我 - 汝」関係やその状態における「無私性」を育成することは至難の業だろう。例えば、ブート・キャンプでは、指導教官が厳父と慈母の両方の役割を果たしていると思われる。彼らは、新兵の人格を否定する行動をとる。しかし、同時に彼らは新兵と全人的に向き合う。そしていつも「いま・ここ」の場や背後で見守っている。彼らは新兵一人ひとりの心理的限界と肉体的限界を経験から判断しつつ、チームとして心理的限界を超えて肉体的限界に挑戦させ、成功させ、チームとして一つになることを、身体を基盤として自覚させ、集合潜在能力を解き放つのである。自己の身体知の能力の有効性や効率は、実践してはじめてわかるのだ。そして、身体知の極限の追求と指導教官の日常のケアは、同時に一人ひとりの海兵隊員が戦場で生き残るための繊細な感覚を無意識に蓄積させることにもつながっている。

太平洋戦争で生き残った一海兵隊員の回顧録に次のような記述がある。

> われわれが手を抜いていないか目を光らせて、しつこく何度もやってくる訓練教官の足音に聞き耳を立てた。……真っ暗な闇のなか、忍び寄ってくる教官の気配に絶えず耳

を澄ませていたおかげで、聴力も著しく研ぎ澄まされた。
　こうして強いストレスにさらされながら、命令に従っているうちに、われわれは規律を身につけていった。そのときは気づきもせず、理解もしていなかったが、このことがのちに戦場で明暗を分けることになった――戦闘を首尾よく切り抜けるかしくじるかを。そして生死さえも。聴力の鍛錬も思わぬ形で役にたった。夜中に陣地に侵入してくる日本兵の気配を塹壕のなかで聞き分けることができたのだ。[*26]

海兵隊では、暗黙知の育成がよりよい相互理解、信頼、洞察の基盤であると明言される。

　われわれの指揮の哲学はまた、暗黙的に意思疎通《コミュニケート》する人間の能力を活用しなければならない。暗黙的コミュニケーション――お互いを理解し合い、言葉の使用をよくわかった重要なものだけにとどめ、あるいはさらにお互いの考えていることを察し合うことのほうが、コミュニケーションの手段としては、詳しい明示的な指令を使うよりもっと速くて効果的であると信じる。（『ウォーファイティング』本書二七〇頁）

　したがって、海兵隊の組織構成やシステムは、組織的に個人の間の共同化を短期的に徹底して推進するべく設計・運用されている。すべての海兵隊員は、ブート・キャンプでの厳しい訓練を経ており、その原体験を共有している。一三週間、寝食を共にしながら、指導教官《ドリル・インストラクター》による徹底的な自己否定と、団結心と闘争心の極限に挑むしごきを共体験する。

ブート・キャンプでは、チーム内の仲間同士が競争させられると同時に、チーム（班）単位で他チームとの競争に邁進する。戦闘では一人の過ちがチーム全体の命にかかわる。だれかがライフルを落とせば、全員が罰せられる。厳しい訓練を乗り越えてはじめて、信頼の絆《きずな》と愛がうまれるのだ。海兵隊ほど、個の自律心の養成とチームワークの強化に努めている組織はないと言われる。これは一見すると矛盾しているようであるが、自律心を限界まで鍛えるのはチームに貢献するためなのだ。同時に個人は、他者との相互作用のなかで自己の潜在能力に目覚める自己発見の場である。共同化は同時に、他者の視点になって自己を眺めて、自己を修正する葛藤のプロセスでもある。

機動戦では、いわゆる「あ・うん」の呼吸で意思疎通を図ることが奨励されている。さらに、ＭＡＧＴＦの基盤は社会化にあると、海兵隊マニュアルの一つは明記している。かつて、グループ・ダイナミクスの視点に立つレンシス・リッカートは、集団の凝集性が統合を促進するとし、それを促進する組織的仕組みとして「連結《リンキング》ピン」を提唱した[*27]（３‐２）。この組織構造は重複が多く、一見非効率ではあるが、冗長性こそが情報の信頼性を高め、共同化を通じて俊敏な機動力を高めるのである。

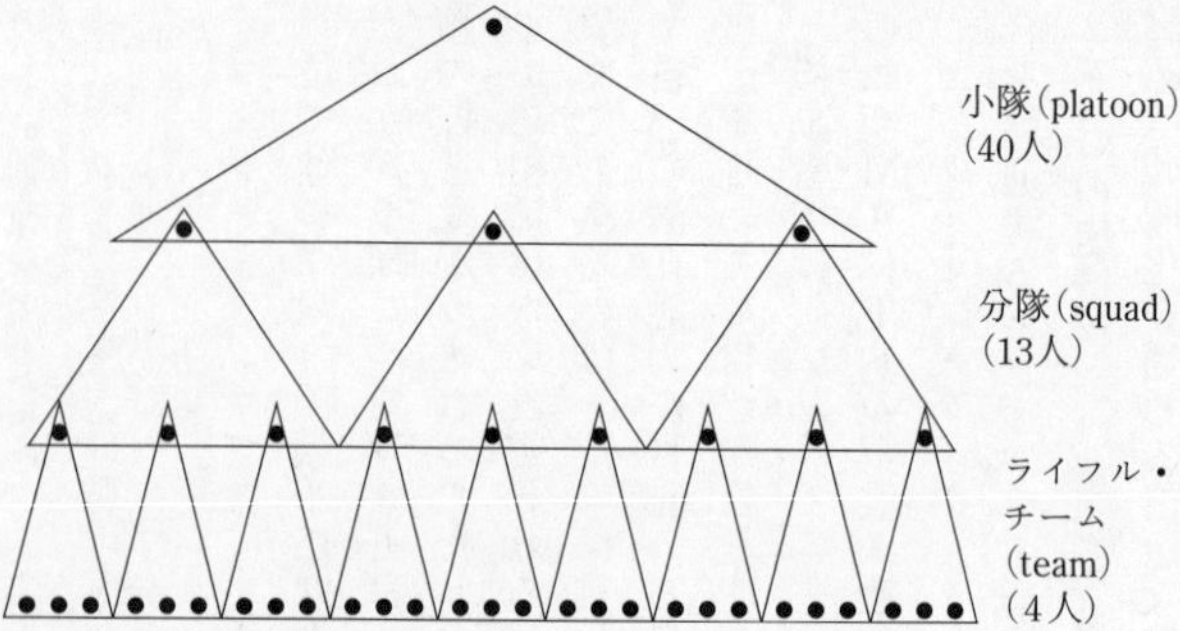

3－2　海兵隊歩兵部隊の連結ピン構造
出所：アメリカ海兵隊*MCDP6*, Chapter 2, Figure 5に基づく．小隊以上は中隊（company，200人），大隊（battalion，1,000人），連隊（regiment，3,500人）．MAGTFは歩兵部隊に航空，兵站部隊を加えて構成される．

　メンバーが互いに価値を認め合い能力を十分に発揮できる組織では、メンバーは組織に対して強い愛情と一体感や同一性《アイデンティティ》をいだく。また、高い組織目標を掲げることは個人の自己実現欲求を促進し、同時に組織全体としての能力を高める。この相互作用によって、組織の目標は自己の目標と一体化し、目標の達成に向かって強く動機づけられると同時に、メンバー相互に強い同一力（referent power）が働いて自発的な自己統制が行われる。このような一体化に基づく自己統制は、自発的であるために最も強く深く働くが、一体感に基づくので統制されているとは思わない。つまり、「意識されない統制」であり、「愛による統制」（control by love）なのである。外発的な動機づけを超えて、自発的なやる気を喚起するには、目的やビジョンが不可欠である。高い目標に向かった凝集性の高い集団が自然に生みだす一体化による統制、すなわち同一力に基づくメンバー全員のリーダーシップを組織内に構築することによって、組織とチームの目標は自己の目標に内在化される。

暗黙知を大切にするということは、人間の主体的な信念、価値観や感性、ひらめきを重視するということにほかならない。したがって、海兵隊は戦争をサイエンスとしてのみとらえていない。むしろ、アートの側面を重視し、戦争のアートは科学を包摂するとしている。それでもなお競合する人間の相互作用のダイナミクスを説明しきれないという透徹した戦争観が、リーダーシップの卓越性への無限追求を支えていると言えるだろう。『ウォーファイティング』は言う。

> むしろ戦争遂行の大部分は、創造的スキルあるいは直観的スキルを用いるアートの領域である。アートには、判断と経験により科学的知識を状況に合わせて創造的に適用することが含まれるので、戦争のアートは戦争のサイエンスを包含している。戦争のアートには、一つの戦況のそれだけが持つ本質をつかむ直観力と実務的な解決策《ソリューション》を考え出す創造力が要求される。それには、戦略や戦術の概念化と状況に合った行動計画の立案が含まれる。これでも、まだ現象全体を述べたことにはならない。人間行動の気まぐれやその他の無数の見えない要素が戦争に影響するので、戦争遂行にはサイエンスやアート

では説明できないことが数多くある。アートとサイエンスは、戦争の基本的な原動力を説明しきれていないのである。（『ウォーファイティング』本書二一九頁）

われわれの身体感覚は、意識的な思考に先行する。フッサールは、無意識の「受動的綜合」の基盤の上に、意識的な思考である「能動的綜合」が形成されるとしたが、ポランニーも、人間は新しいスキルを獲得するごとに、「棲みこみ」によって世界を基礎づけ、暗黙的統合によってより多くの可能性を広げていく、とした。さらに言えば、テクノロジーという道具を賢く使って世界に関与し、さらに多くの機会を生むプラットフォームを創ることが可能になる。デジタル・オートメーション・テクノロジーも、本来は人間の知覚と可能性の幅を広げ、新たな潜在能力の開発を促すものなのだ。

海兵隊では、あらゆる階層レベルで暗黙知を共感する共同化力が重視される。将官は、ほとんど神に近い立場で、作戦決定に必要な情報を知りうる。偵察、衛星、偵察機、海兵隊の武装偵察隊《フォース・リーコン》、地形測量システム、高性能盗聴器などを駆使する。ちなみに、武装偵察隊は最新の通信機器を使用し、あらゆる場所から司令部に情報送信できる。それでも海兵隊の将官は、戦闘指揮にあたって時に国防総省の反対を押し切っても、戦況を直接現場で直観するほうを好む。先に列挙した機器などによる敵の配置の形式情報だけでは把握できないことを経験から知っている。地形図はインチ単位で地面の起伏を表示できても、行く手を阻む樹木の種類は分析できず、偵察報告でも敵の抵抗の意志の強さは分からない。自ら前線に立つことで察知するひらめきと綜合して、即興的に部隊の新たな展開を可能にする。結果として、危険を共にする将官の勇気に、部下の士気はさらに高まる。

司令官は、心の中で戦況の鳥瞰図のダイナミックなイメージを描けなければならない。第一は、状況のクローズ・アップ、つまり個人的観察と経験を通じて獲得する「感じ《フィール》」である。この戦況図から、司令官は自身の動感などを使い、部下が肉体的・精神的になにを体験しているかを感じとる。このイメージから、司令官は部下に要求できること、できないことを嗅《か》ぎ取る。イスラエル空軍Y・ガビッシュ将軍の一九六七年アラブ－イスラエル戦争の体験談での言葉を引用すれば、「部下の眼をのぞき、声のトーンを聞く以外に代案はない」のである。第二は、状況の全体像である。この視点から、司令官は敵味方の相対的な配置と進展する状況の全体パターンが理解でき、意図した目的と実際の状況の間の差を評価して、部分を全体に適合させる「トップ・サイト」の鳥瞰図が描けるのである。第三は、敵司令官の視点に立って敵の意図を推論し、その動きをダイナミックなイメージとして予測することである。[*28]

分隊長や戦闘機パイロットは、自己の観察から上記三つのイメージを同時に描けるかもしれない。しかし、司令官が、前線でのクローズ・アップと上級司令部での全体像の双方のニーズを満足させるのは容易ではない。しかも、戦争が進展するにつれ、複雑性はますます増幅される。対策の一つは、「方向づけられた望遠鏡《ディレクテッド・テレスコープ》」と言われるテクニックで、献身的な情報収集官を使って彼の直接観察と報告に基づき、いわば司令官自らが望遠鏡を方向づけるように戦況を判断するのである。第二は、暗黙的コミュニケーションを最大限活用することである。

共同化では、道具や環境にも人間が「棲みこむ」。「私のライフルは自分の命なのだから人間と同じなのだ。いわば兄弟なのだから、そのように分かり合おう。その弱点、長所、部品、付属品、照準器、弾倉に精通しよう。風雨や天災から守ってやろう。自分と同じように、このライフルも身ぎれいでいつでも使えるようにしておこう。お互いの分身になるのだ」（「私のライフル：海兵隊員の信条[29]」）。武芸をきわめていくと、心が身体をコントロールするという心と身体の対立がなくなり、「心身一如」の状態が実現される[30]。それは、「拡張された心《エクステンデッド・マインド》」の概念が言うように、環境世界の中で身体と道具が心の一部として機能する状態を示している。

表出化力

表出化《エクスターナリゼーション》（E）では、個人間の暗黙知を対話、思索、メタファー（喩え）などを用いて概念や図像、仮説などを創り、形式知に変換する。他者との共感は、他者を鏡とした自己認識のプロセスでもある。そこから調和のみならず対立も発生するので、弁証法的な対話を通じて相互の暗黙知の本質を概念化しながら矛盾を止揚していくプロセスである。対話は、共感の次元の「情動的コミュニケーション」と「言語的コミュニケーション」、暗黙知と形式知の重層的な相互作用から、そのつど新しい意味を生みだしていく。対話では、帰納的飛躍、あるいはアブダクション（発想）を生むレトリック、とりわけメタファーやアナロジーを使ってアイデアや概念を紡いでいくことが有効である。帰納は論理的な総合を目指すが、アブダクションは、既存のカテゴリーを超えるメタファーと同様に、「跳んだ」概念や仮説を生みだす。

SECIモデルのプロセスは、矛盾解消の弁証法でもある。そもそも、地球規模で発生する偶発的緊急事態《コンティンジェンシー》に全方位で対応する海兵隊員は、たえず使命と現実との矛盾に直面している。知識は、流動する関係性のなかから生みだされる矛盾を二者択一によって解決するのではなく、状況によってどちらも真理だが「反面」の真理と認め、中庸を採る。中庸は両極の中間ではなく、完全な調和はないと知りつつも、状況に応じて、よりよい均衡に向かって矛盾を高次のレベルに止揚していくという概念である。対話は、参加者の暗黙知と形式知の相互変換の共創プロセスであり、主観と客観、個別と普遍の往還を行うプロセスである。

海兵隊は、あらゆる機会をとらえて密度の濃い対話をする場を設けている。戦闘後、あるいは訓練や図上演習後には、かならずAAR（After Action Review）という、部隊のリーダーと部下の間で適時行われる専門的な議論がある。部隊長の状況の理解と意思決定、隊員のとった行動とその結果について、全参加者がよりよい代案を提示することが求められる。「いま・ここ」の生き生きした文脈での判断と行為の反省を多面的かつ正直に論じ合うのである。

表出化のプロセスでは、膨大な暗黙知のすべてが言語化されるのではなく、また暗黙知と形式知が分離されるのではない。形式知の背景には、その元になった経験知が存在しているので、形式知は背後にある暗黙知の共有と理解が豊かであるほど、本質に迫っていく。効果的なAARは、個別具体の経験を言語化し、未来の状況で海兵全員が使える知的枠組《フレームワーク》みの共創につながる。この枠組《フレームワーク》みがあらゆるレベルのリーダーに必要な本質的スキル、決定的な時点での直観的意思決定の基盤となる。[*31]

瞠目すべきは、海兵隊の「指揮《コマンド》」と「統制《コントロール》」の概念が、一般的な意味とはまったく異なることである。海兵隊の指揮・統制は、指揮を執るリーダーが同時に統制の権限をもつとは考えない。指揮を執る者は、同時に統制されるのだ。不確実な環境下では、後方にいる指揮官より戦場に最も近い者が現実に即応できる。解決策は、上司は部下に任務を伝えるが、部下には自ら実行方法を選択する自由度を与える、というものだ。部下は状況の進展を上司にフィードバックすることを通じて必要な指揮行為に参画し調整する。つまり、海兵隊の指揮と統制は、トップダウンとボトムアップのダイナミックな共創関係にあるのである。こうすることで指揮官は、担当領域で幅広い判断と想像力を発揮できると共に、部下の自発性《イニシアティブ》を発揮させる高度の協力を確保できる。それを支援する方法が、第2章で既述した「任務戦術」と「二段階アップ」であった。

しかしこのような指揮・統制は、上司にも部下にも重責を課すことになる。上司は究極の責任を取らなくてはならないし、部下は上司の意図に合った行動を取らなくてはならない。重要なことは、上司も部下もリーダーの立場に立つ時には、自らの意図や状況の本質について明確かつ説得力ある表現力を磨きあげる努力をし、即応態勢でいなければならないことである。

例えば、次のような表出化力が指摘されている。ソマリアに進駐した海兵隊のある指揮官は、「各都市を再度正常な状態に戻す」という任務を部下にこう説明した。「正常な状態では、人々が自分の家にいて、街で暴力事件が多発せず、子供たちが学校に通い、商業活動が行なわれている状態である」と[*32]。上司は部下に正式な命令に服するよう求めるが、みずからの手法、状況分析、決定事項の見解については、部下に率直な問いが出るようにうながし、内容の軽重を問わず話を聞く。隊員は自分の考えが尊重され、意見の違いを受け入れてくれることを実感するので、上司の「指揮」に対し部下としても「統制」の自発性が喚起される。

ブート・キャンプにおける訓練生教育においても、後半になると初期の自己否定型の訓練から、しだいに個人の自主的な問題解決と独創力の発揮をうながす方向にシフトしていく。最後の五四マイルを三日間で走破する「試練」（Crucible）で直面する課題は、チーム一体で当たらなければ克服できず、しかも唯一最善の解はない。指導教官は各チームに寄り添うが、従来と異なり無干渉である。ここまで受け身であった訓練生も時間切れが間近に迫るや、積極的に独創的なアイデアを語り始める。全員が考え抜き、課題解決の焦点をキーワードで表出化し、一点突破全面展開に邁進する。卒業の日までに、おびえた受け身の新兵から心身一体の自己を確立する海兵隊員に変身していく。

さらに、過去の典型的な海兵隊員とも対話する。「試練」の最後の到達地点は、「戦士の基地」（Warrior Station）とも呼ばれ、海兵隊の歴史に残る英雄《ヒーロー》たちの武勇伝に基づいてつくられており、志願兵はヒーローの写真の前でその勇敢な行為をたたえる訓辞を大声で読みあげ、その場で英雄と同じ行為を疑似体験して理解するのである。

海兵隊では、海兵遠征隊（ＭＥＵ）を「展開前」「展開」「展開後」という各々六か月のプロセスを全一八か月になるサイクルで恒常的に回していることは第2章で述べたが、「展開」のプロセスで戦地に向かう前に二週間の引継期間が設けられており、前任部隊が戦地の直接経験から得た暗黙知を形式知化し、後任の部隊に伝える。実戦配備中には、戦地から最新の知見を司令部や戦闘研究所に発信する。このようにして、海兵隊では暗黙知を絶えず言語化することを求められるのである。

表出化のプロセスは、単なる言語化ではなく創造のプロセスである。日常の個別事象から「あっ」という変化を察知し、関係する細目を総合して新たな概念や仮説を創造するアブダクションの方法がメタファーやアナロジーである。メタファーの本質は、既存のカテゴリーを越えて「ある物事を他の物事に関連させて理解したり、経験したりすること」である。[*33]

そもそも、水陸両用作戦（Amphibious Operations）という概念は、ギリシア語を語源とする水陸両生動物（Amphibian）のメタファーである。それと関連して、水陸両用装軌車ＬＶＴや航空機ハリアー、オスプレイなどの開発は水陸両用作戦というイノベーションを実現するテクノロジーであるが、これらの武器はほとんどエコシステムで共生する動物のメタファーで名づけられている（３‐３）。ＬＶＴ‐１は「アリゲータ（ミシシッピーワニ）」、水陸両用強襲輸送車ＡＡＶ７Ａ１は「カバ」である。航空機は鳥類で、ハリアーは小型猛禽類の「チュウヒワシ」、オスプレイはタカ目の猛禽類の一種である「ミサゴ」である。これらメタファーの活用は、海兵隊の戦闘行為が世界のエコシステムとのつながりのなかで行われるという関係性を自覚させることにも貢献していよう。

さらに、ライフルマンシップは、表出化能力の基盤となる。ライフルマンは照準設定、呼吸、風速計算、引き金の引き方などの細目を総合して標的を撃つ。この作法は、文脈を考慮しつつ概念創造を行うアブダクションを認知スキル化することにつながる。

3－3　**海兵隊の装備とメタファー**．（左上）水陸両用装軌車LVT-1：アリゲータ（ミシシッピーワニ），（右上）水陸両用強襲輸送車AAV7A1：カバ，（左下）航空機AV8BハリアーⅡ：チュウヒワシ，（右下）MV-22オスプレイ：ミサゴ

意思決定の方法として、海兵隊員はOODAループを使う。ボイドのOODAループの中心にあるのは、Big O の Orientation（情勢判断）であった。情勢判断は、遺伝的資質、伝統、文化、経験の質量、状況の進展の相互作用から形成されるメンタル・モデル、スキーマ、ミーム、暗黙知などであるとされている。このプロセスは、理論的に十分展開されておらず、海兵隊員にもわかりやすいとは言えないようだ。

　ボイドは機動戦に関連させて、情勢判断を重心（Centers of Gravity）と同義であるとしている。敵の戦闘システムを崩壊させるには、敵の最も脆弱なポイントに焦点化《フォーカス》することである。焦点化のプロセスは、多様な要因を切り捨て本質に迫る方法であり、状況に応じて「部分－全体」をダイナミックに往還させる暗黙的統合と共通する。細目を統合する焦点化には、明確な概念化が必要なのである。

連結化力

連結化《コンビネーション》（Ｃ）は、集団の形式知を組み合わせて物語や理論的モデルに体系化したり、概念を操作化するために、関連する知識や概念を分析して新たな高次の形式知を創造することである。アブダクションで生まれた複数の概念や仮説を組み合わせ、編集し、体系化し、ブレイクダウンする。このプロセスでは、アブダクションのボトムアップから演繹のトップダウンに移行する。ＩＣＴを活用すれば、時空間を超えて知の共有と相互作用が促進できる。

海兵隊の連結化力を支援するのは、ＭＡＧＴＦであろう。重層的な入れ子構造となっており、世界のどこにでも展開でき、いかなる作戦要求にも応えられるように、短期間で多様な組み合わせができる多能力軍隊《マルチ・ケイパブル・フォース》は、組織に散在する形式知を目的に応じて組み合わせ、さらに大きな組織知へと発展させる仕組みにほかならない。

海兵隊のＭＡＧＴＦでは、環境や状況の変化に即応しながら、トップ－ミドル－フロントの三層間の関係や部隊間の関係が相互作用するだけでなく、その統合がレイヤー間や陸・海・空の軍種横断で自在に行われている。いずれかの海兵遠征隊（ＭＥＵ）は常時実

3－4　『レザーネック』と『マリーン・コー・ガゼット』

戦配備されており、戦地や災害地での直接経験は組織全体に即時フィードバックされ、暗黙知と形式知がスパイラル・アップされている。同時に、新たに創造された形式知を、海軍とのフォース・ネットも駆使してスピーディに地球規模で連結化する能力は、ビジネスも含めて他のどの組織よりも卓越していると言える。

組織知の醸成を日常的・組織的に支援するメディアとして特色があるのは、海兵隊の総司令官が随時、推薦図書を公表し、議論のきっかけを作っていることである。さらに、月刊誌として一般隊員・家族向けには『レザーネック』[*34]、将校向けには『マリーン・コー・ガゼット』がある（3－4）。とりわけ特色があるのは、後者である。二〇一六年に創刊一〇〇周年を迎えた『マリーン・コー・ガゼット』は、当初の季刊から隔月刊へ、さらに一九四五年以降は月刊となり、合衆国海兵隊と軍事に関する「論点《イシュー》」

についてのオープン・ディスカッションとアイデア交換の場となっている。毎号、自由投稿を中心とする一〇前後の主論文（二〇〇〇～三〇〇〇字）と小論文（七五〇～一五〇〇字）のアイデアと論点《イシュー》、意見《レターズ》、書評で構成され、海兵隊の軍事理論、戦略、戦術、戦闘技能、組織（ＭＡＧＴＦ）、リーダーシップなどのアイデアや論点が率直に議論されている。

　歴史家、学者、将官の投稿もあるが、大部分は現場に近い中隊や第一線のスタッフや下士官の寄稿である。したがって抽象的・理論的テーマに集中せずに、実践的戦闘行為に軸足を置いた論文が多くを占める。編集方針は当初からコンバット・リーダーシップと戦略思考のブレンドを意図していた。ちなみに、二〇一五年の主論文と小論文は、全部で二三六件が掲載され、掲載件数上位のテーマは、リーダーシップ、インテリジェンス（諜報）、航空、専門軍事教育、二十一世紀遠征軍、兵站、マンパワー、湾岸地域作戦、訓練、ＭＡＧＴＦ、サイバー戦、都市叛乱戦などであった。

『ガゼット』の歴史は、論争的で、型破りで、流行に流されないアイデア提言の連続でもあった。かつて、総司令官アルフレッド・Ｍ・グレイの採用した機動戦理論を、暴力、敵意、流血のない戦争であってほしいとする教義《ドクトリン》だ、と痛烈に批判した論文が掲載されたこともある。将校たちは批判的論文を含めすべてを丹念に読んで、見逃している問題や解決策を見出したり、論文著者の中からめぼしい幹部候補を見つけたりもする。海兵隊ＯＢで元クライスラーのＣＥＯロバート・Ａ・ルッツは、「企業組織には従業員が率直に自分の意見を言えるような場がない」と『マリーン・コー・ガゼット』を評価している。

例えば最近の号では、軍事理論について、海兵隊はOODAループを知っているというが、その基盤となるボイドの哲学については無知ではないか、ボイド理論の哲学的・歴史的背景からその本質を知れ、と主張する論文が掲載された。[*35] さらに、ボイドの機動戦は簡単に教えられるものではなく、真の理解には、一人ひとりの研究と深い内省が必須である、という論文も掲載されている。海兵隊は長年にわたり知的進化を遂げてきたので、「クイックでイージーなソリューション」など受け入れないというのだ。[*36] インテリジェンスをテーマにした論文では、デジタル化の進展によって非言語系コミュニケーション能力が衰えつつあり、海兵隊の規律の過度の重視は自由闊達かつ創造的思考を阻害しているのではないかと提起し、コミュニケーション・スキルの改善点が提案されている。さらに、複雑で流動的な世界に対応するためには、航空・衛星監視、偵察、地域住民との相互作用、電磁スペクトラム・シグナル、ヒューマン・インテリジェンス、グローバル知識環境など多様な手段を通じて、敵と環境を分析する多面的アプローチが必要で、現在のMAGTFには、このような分析から獲得された知識を活用・普及させる単一部隊がないと指摘される。[*37]

連結化のプロセスとして重要な貢献は、『ガゼット』が一方的な情報提供のメディアではなく、「知的論争」の場を提供していることである。海兵隊の存在理由や、戦略・作戦・戦術について、毎月率直で創造的なアイデアやコンセプトが議論されている。しかも、第一線指揮官がリアルな訓練や実践により獲得した暗黙知が表出化され、それらをめぐって全組織で知的対話が巻き起こり、組織としての知に昇華され、実践され、蓄積されて、未来に備えている。

『ガゼット』が論争的でアイデア提言の場であり続けてきた長い歴史について、第三七代海兵隊総司令官ロバート・ネラーは、「この機能、つまり知的好奇心と勇気を発揮する場を提供することが、この機関誌の最も重要な特質であろう。ウォー・ファイターズとしての海兵隊の成功は、健全な身体のみならず、健全な知性にあり、『ガゼット』を媒体として読み、考え、論争せよ」と、一〇〇周年記念号に祝辞を送っている。[*38] このような「知的闘争《インテレクチュアルバトル》」の媒体は、大日本帝国陸海軍には存在しなかったし、現在の自衛隊にも存在しない。

海兵隊では、文化や価値観の継承のみならず、新しい戦略や戦術を生みだす場合にも、物語という方法をよく使う。物語は、理性と感情の両方に訴え、個人を動機づける固有のパワーを持っている。戦略的物語は、戦略の目的、目標、方向性、内容を時間的・空間的な広がりと奥行きをもって記述し、また戦略を実行するためのコンテクスト、規範や価値観を示して、人々の行動をうながす。したがって、物語によって戦略を語ることは、戦略形成そのものであると同時に、人々の暗黙知に作用して、人々にコンテクストに応じた戦略的な判断や行動をうながすことにもつながる。物語る行為と戦略の策定とは、表裏一体で相互補完的である。

また、基本術科学校（TBS）将校クラブでは、教官を務める大佐や少将から成る小グループに体験談（物語）を共有するために六か月間で約三〇〇時間を費やす。「口頭での非公式な事例研究」とも言われ、チェスの達人が過去の棋譜から勝利のパターンを学ぶように、将校が具体的な文脈の中での戦闘プロセスのパターン認識の数を増やせるようにしている。現場での体験談の共有が、多くの戦闘の筋書きを理解させる最良の方法だと考えられている。リーダーシップの要諦は、チームを鍛え、状況を理解させ、優先順位と目的を伝え、共通のミッションの実践に向けて、部下一人ひとりの行為をより大きな物語の実現に同期化させることでもあるからだ。[*39]

キングス・カレッジ・ロンドンの戦争学教授ローレンス・フリードマンは、古代から現代に至る戦史に基づく軍事戦略論と経営戦略論を展望して、「戦略とは、矛盾を解消するパワー創造のアートである」と喝破し、それには、終わりなきオープンエンドの物語の方法論が最も有効であるとした。[*40]社会現象は、相関関係の原因と結果が識別できない同時発生であることが多く、そのプロセスを記述することが説明の役割を果たす。複雑系における矛盾解消のダイナミックなプロセスは、数理モデルの因果分析ではなく、物語としてしか形式化できない。「戦略とは、知力の組織的共創を方向づけるオープンエンドの物語である」とも言える。

戦略的物語は、次に採るべき行動の連鎖を物語として示す。つまり、合理的な必然性よりも物語的な非合理も含む因果性、正確性よりも筋書き《プロット》の説得力を重視する。それには、ロゴス（論理、理論）だけでなく、パトス（感情、信念）とエトス（信用、信頼）も含んでいなければならない[41]。

未来の物語を実現するには、現実の事象から見出したパターンを筋書きにして、それらをいくつも組み合わせて構想し、それに沿って行動する必要がある。そして、行動すれば現在の状況は変化するので、変化に合わせて筋書きも筋立てもダイナミックに変えていかなければならない。フリードマンが指摘するように、演出家のドラマには決定論的な終わりがあるが、戦略家は終わりなきオープンエンドの物語を創り、演じ続けるのである。

海兵隊はその歴史を背景に、時空間のなかに海兵隊という存在を大局的に位置づける。と同時に、一人ひとりの海兵隊員の武勇伝を継承しつつ、「常在戦場」の危機意識を共有し、全員が常に「存在意義」を問い続けることによって、海兵隊物語を発信し続けている。

内面化力

内面化《インターナリゼーション》（I）では、行動を通じて形式知を具現化し、成果として新たな価値を生みだすと共に、個人レベルで新たな暗黙知として体得する。さらなる思索と行動によりモデルや物語を実践して、形式知を個人の内面にスキル化し、くり返し、仮説の引き出しの質量を増やすことで、「見たことがあるな」という既視感《デジャヴ》を豊かにするのである。そして、戦闘の生みだす不確実性と矛盾を止揚すべく、実践のただ中でよりよいモデルや物語を生み出していく。

元来、弁証法はソクラテスの弁論術やヘーゲルの歴史と精神の論理的な発展法則を起源としてきたが、内面化における行動のように、思考のみならず実践の方法論にも適用される。一方で、周到な計画や方法を理解しつつも、勘と経験を駆使しつつ、情況適応的に自在に行動する。『ウォーファイティング』に「状況の進展につれて」（as the situation unfolds）というフレーズがよく出てくるが、行為によるつどのダイナミック・コンテクストのただ中で、「よりよい」に向かって、テンポよく相手を攻撃し続けると新たな状況が生まれ、当初の論理矛盾が実践的には行動を通じて止揚される。実践が論理矛盾を突破するのである。

「実践《プラクティス》」とは、社会的な関係性のなかで複雑な形態をもちつつも同じであると見ることのできる行為であり、個人の一時的で単純な行為である「動作」とは分けて考えられている。[*42] 世界との関係性を踏まえ、自己がいかに「ある」あるいは「成る」べきかを考えたうえでの行為ないし実践なのである。

「海兵隊二〇二五年ビジョンと戦略」は、「技術によって個人の海兵隊員の能力は高まるが、技術それ自体は、厳しく訓練され、高い規律をもち、われわれの中核価値と国家理念で形成され指導された戦士を代替するものではない」との人間中心主義的な技術《ヒューマン・セントリック・テクノロジー》哲学を強調する。海兵隊では、そのような哲学のもと、直観に基づく意思決定モデルを開発し、研修をおこなっている。その研修の目的は、「内省的実践家」、つまり直観的根拠に基づいて考え、言語化できる人間に変えることにある。海兵隊はシミュレーションも重視する。訓練が十分にリアルであれば、類似体験として潜在意識に内面化されるし、新たな暗黙知の獲得を短縮できる。ただし、海兵隊は、従来型の演習を代替する意図ではなく、それを補完するために、戦闘ならびに兵器の広範なシミュレーション・システムを積極的に採用している。

ここで重要なことは、物語としての戦略はその筋書きに沿いつつ、敵との相互作用のただ中で、兵法をスキル化していなければ役にたたないということである。暗黙知は、認識主体と分けられない知識であるがゆえに、人格的知識と言われ、熟練のパターンの習得は伝統に依存している。科学的探究の方法も、弟子が師匠と結ぶアート的な徒弟制で伝達することが基本である。

これに関連して、人の知的能力に関する最近の注目すべき研究がある。二〇〇〇年にノーベル経済学賞を受賞した米シカゴ大学のジェームズ・ヘックマン教授や心理学者らの学校教育の質に関する研究によると、成功する生徒は、頭のよさを強調する従来の知能至上主義に立つ知能検査（IQ）で測れる「認知スキル」(cognitive skills) ではなく、個人的な気質や資質に関連した「非認知スキル」（non-cognitive skills）のスコアが高いとされる。例えば、次のような項目である。やり抜く力《グリット》、自制心《セルフ・コントロール》、意欲《ゼスト》、社会的知性《ソーシャル・インテリジェンス》（人間関係のダイナミクスを悟り、異なる社会状況にすばやく適応する能力）、感謝の気持ち《グラティテュード》、楽観主義《オプティミズム》、好奇心《キュリオシティ》など。[*43] ヘックマンらの研究は、こうした非認知スキルは、手本となる師の個別指導や助言を受け、その人格に感化されながら学び取るもので、「よい習慣《グッド・ハビッツ》」の方法によって伸ばすことができると提言している。

ヒューバート・L・ドレイファスは、ポランニーの暗黙知理論に基づいて、熟練技術獲得の五段階モデルを提唱した。[*44] ビギナー段階は規則から学ぶが、中級者、上級者になるにつれて目的を意識し、文脈に応じて問題を解決する。その上のプロ・レベルになると、客観的判断より過去のパターン認識を直観的に活用する全体観的な類似性の認知で判断すると指摘した。さらに、最上級のエキスパートになると、ダイナミックな状況対応は意識過程の消滅した主客未分の瞬間的な自動反応で行うという。海兵隊では、このモデルが示唆するような無限の熟練を目指す職人道を組織的に実践している。絶えず矛盾が発生する戦場に適応するには、行動を通じてコンテクストを変化させ、実践的弁証法を反復しつつ矛盾を解消していく能力《ケイパビリティ》が問われる。スキル化されない知識は、不確実な状況に即応できる能力にはならないのだ。

中国紅軍を創設した若き毛沢東は『実践論』の中で実践弁証法の本質について次のよう

に述べている。[45]「実践を通じて真理を発見し、さらに実践を通じて真理を実証し、真理を発展させる。感性的認識から能動的に発展して、理性的認識に到達し、さらに理性的認識から、能動的に革命実践を指導し、主観世界と客観世界を改造する。実践、認識、再実践、再認識、このような形態は、循環往復してきわまるところがなく、しかも実践と認識の一循環ごとの内容はすべてより高い程度に進む」。これは、内面化のスパイラルの本質である実践の重要性を示している。

　海兵隊の成功は、数々の失敗の反省の上に構築されてきた。失敗は次の作戦にかならず作戦、戦術、装備の革新を伴った。前線の失敗と提案は、ヴァージニア州クアンティコにある戦闘研究機関へ直接フィードバックされた。例えばベトナム戦争時には、海兵隊の陸上部隊と航空部隊に連絡将校が派遣され、作戦中のニーズを調査し、戦闘研究所に送り続けた。海軍研究所からも、二人の代表者が第三海兵隊軍団付として派遣されており、作戦上のニーズが技術的改善に即変換されて、実践された。現在でも海兵隊員は全員が研究開発に関する情報提供が義務づけられ、訓練あるいは実戦任務終了後のＡＡＲごとに、たとえシャベル一本の改良すべき部分でも発見すれば、部隊から即、開発センターへ知らせるシステムが確立されている。

　海兵隊は、ハイテク兵器の活用に貪欲であるが、ハイテク兵器がローテク兵器を代替するのではなく、アナログ（暗黙知）とデジタル（形式知）を総合して組織の戦闘能力をより高めることを模索している。デジタル化の進展に対応しながら、戦場における個別具体の地形を完全武装で走って知りつくし、最新式の武器を装備しつつもナイフ、武術、一撃必殺のライフル射撃にもこだわる。コンピュータがダウンした場合のハンド・シグナル（手信号）も学ぶ。ニコラス・ケイジ主演の『ウインドトーカーズ』（二〇〇二年）では、サイパン島作戦で先住民の言語を暗号化したナバホ族の海兵暗号通信兵の偵察行動が描かれていた。キーボード操作の新型デジタル式榴弾砲の訓練を受けている隊員も、旧式の方法でも砲撃プランを練る。ＧＰＳだけでなく、地図やコンパスの使い方にも習熟する。ライフルが故障しても、それを棍棒として使う格闘技をマスターする。ハイテクとローテクを併用しながら任務を遂行するなかで、新しい戦闘方法を現場で組織的かつタイムリーに実践できるのだ。よりよい実践の反復のなかで、「よい習慣」が「型」になり、知識は知恵に組織的に変換されていく。

以上のような海兵隊におけるＳＥＣＩモデルの実践例とそれぞれの要素の関係性をまとめると、３－５のようになる。どのステップにおいても、ライフルマンシップとＯＯＤＡ、共通善、常在戦場の意識がＳＥＣＩモデルを回す上での根源にある。

実践的賢慮（フロネティック）リーダーシップ

ここでリーダーシップの本質として提示する知は、古代ギリシャの哲学者アリストテレ

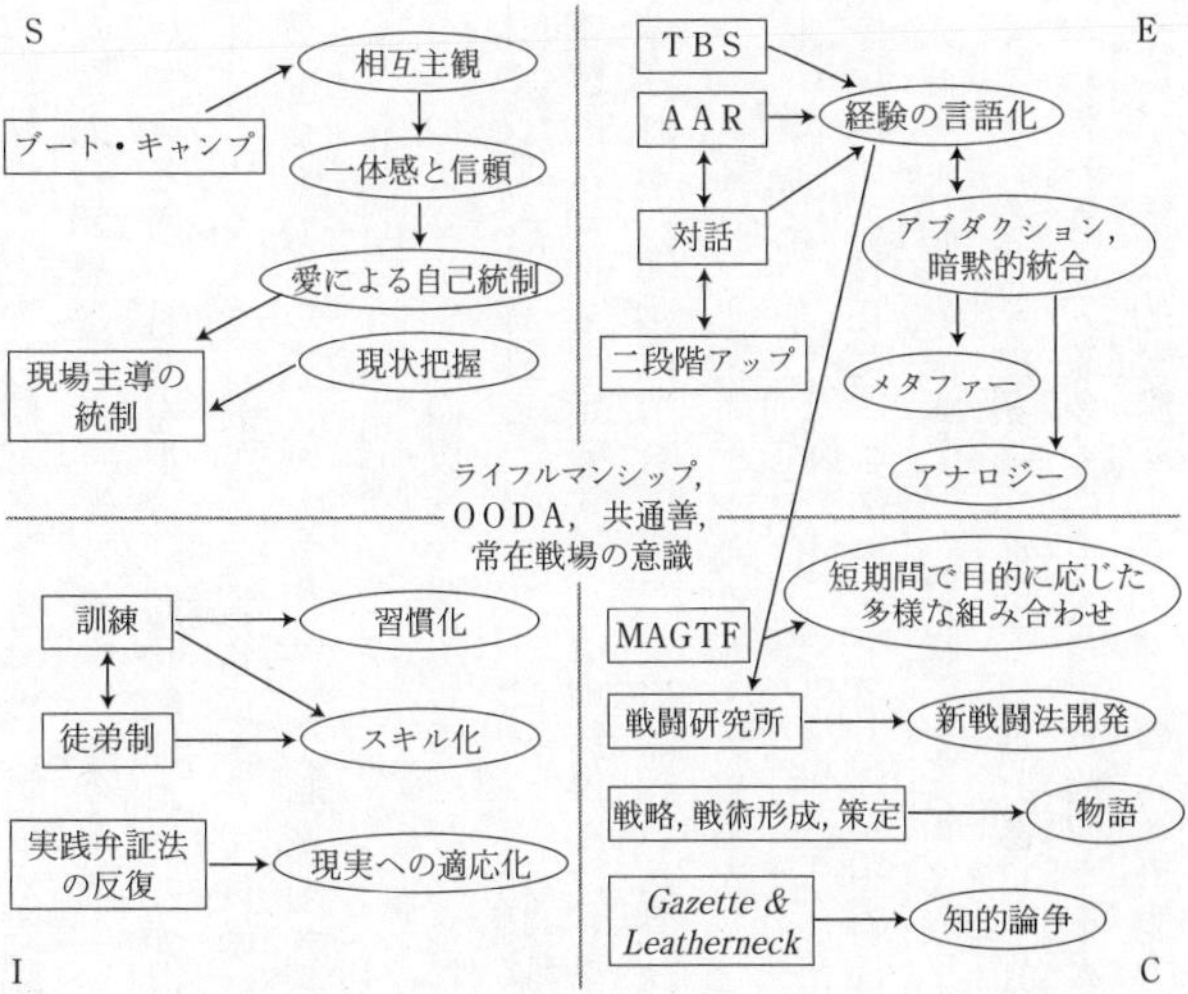

3 - 5　海兵隊のSECIモデルの実践例（四角）と要素（楕円）の関係性

スが提唱した「フロネシス」である。そのアリストテレスは『ニコマコス倫理学』において、知識をエピステーメ、テクネ、フロネシスに分けて説明している。エピステーメとは科学的な客観知であり、「形式知」と言い換えることができよう。テクネとは実用的な技術やスキルであり、「暗黙知」と言っていい。われわれは、身体を媒介とする暗黙知と形式知の相互変換の螺旋《スパイラル》運動によって知識が創造され、錬磨され、やがて知恵になっていくと考えるが、その知恵がフロネシスであり、またそのプロセスを促進するのがフロネシスである。[*46]

フロネシスは、賢慮、実践的知恵、

実践理性などの訳語もあるように、実践と客観的知識を総合するバランス感覚を兼ね備えた賢人の知恵ないし美徳である。敵の殲滅《せんめつ》という単純な目的だけではなく、多くの人が共感できる善い目的を掲げ、同時に地に足のついた個々の文脈の中で、「よりよい」判断を下すことができ、目的の実現に向かって俊敏に行動する性向を備えた人物（フロニモス）が持つ能力のことだ。それは、予測が困難で、不確実な状況でこそ真価を発揮する「賢い指導者《ワイズ・リーダー》」に不可欠の能力でもある。

このフロネシスの概念を援用して、われわれはフロネシスを「共通善を志向し、個別具体の文脈や関係性のただ中で、そのつど適時適切な判断と行動がとれる、身体性を伴った実践的な知性」と定義する。その修得には、卓越性《エクセレンス》を無限に追求する専門的職業意識《プロフェッショナリズム》が要請される。海兵隊でも同様だ。海兵隊新兵訓練連隊司令官の一大佐が、卒業生選抜セミナーで「誰かアリストテレスを知っているか」と質問した。皆が自分たちの隊にアリストテレス軍曹《サージェント》がいるのかと顔を見合わせているので、「彼は昔の賢い男で、「われわれは行為を反復する存在だ。エクセレンスとは一つの行為のことではなく、習慣なんだ」といった人だ」と語った。[*47] また、海兵隊のナレッジマネジメントの主唱者は、「知識とはなんぞや」という哲学的議論を展開し、海兵隊は「知的戦士《ナレッジ・ウォリアー》たるべし」と主張している。[*48]

われわれは、数多くのすぐれた政治家、軍人、企業やNPOのリーダーの事例研究に基づいて、実践的賢慮《フロネティック》リーダーは次の六つの能力を備えていると考える。[*49] この能力に沿って、これまで既述してきた海兵隊リーダーの特質を要約してみよう。なお、海兵隊の総司令官にビジョナリー・リーダーはいても、陸軍のダグラス・マッカーサー、ドワイト・アイゼンハワー、ジョージ・パットンのようなカリスマ性や人気あるリーダーは見当たらない。おそらくアメリカ国民でも、海兵隊総司令官の名前を知る人は少ないのではないか。海兵隊は、硫黄島に星条旗を掲げた顔の見えない海兵隊員に象徴されるように、あらゆる層からリーダーが出てくる「匿名的」な自律分散系なので、特定のリーダーに焦点を合わせるのは難しい。

①善い目的をつくる能力：海兵隊のリーダーが存在価値と組織目的の追求にこだわり続けるのは、未来に向かう組織存続への危機感を源泉としている。元陸軍大尉ハリー・トルーマン大統領をはじめ、これまで九人の大統領は海兵隊の縮小・削減を考えていた。海兵隊のリーダーは、存続の危機に備えて、国家、国民、世界が共感できる海兵隊の目的を発信し、それを実現する責務を組織的に本能化してきた。海兵隊の存在価値は、「忠誠」や「名誉・勇気・献身」に象徴されるが、機能的価値は環境変化を予見して変化させてきた。レジューンの「水陸両用作戦」、グレイの「機動戦」、クルラックのMAGTFの進化など、ビジョナリーな総司令官が革新的なアイデアを取り上げて、プロジェクトを立ち上げ、衆知の結集にリーダーシップを発揮した。組織全員

がリクルート活動や出版の広報活動、海兵隊OBとの政治的・社会的ネットワークを強化し、海兵隊の存在価値を絶えず訴え続けている。

②ありのままの現実を直観する能力：リーダーは、戦況を直接現場で直観することを好む。直観には「ものごとの本質を直接見抜く直観」と「ものごとを瞬間的に感じる直感」の両方を含む。OODAループは「観察」、SECIスパイラルは「共観」から始まる。とりわけリーダーは、敵味方の戦況が進展する状況を感覚レベルで共観し、そこからせりだしてくる敵の「重心」を洞察して、目的との差異を分析・評価し、部分と全体を適合させる「トップ・サイト」の鳥瞰図のイメージを描く。

③場をタイムリーにつくる能力：レジューン総司令官以来、将校と下士官・兵の関係は「師と弟子」であり、そのような共観をはぐくむ相互主観の場は、ブート・キャンプはもとより、日常の相互作用にも組みこまれている。リーダーは、あらゆる訓練を活用して、海兵隊員との間で突っ込んだ「アフター・アクション・レビュー」（AAR）を適時おこなう。リーダーは、「リーダーは最後に食べる」[50]（Leaders eat last.）というシンプルな表現に凝縮されるように、特権を与えられるからこそ、部下を大切にする利他の精神を体現する。上司と部下の間で信頼と喜怒哀楽が共有されていれば、戦場において取るべき行為をいちいち説明しなくても、危機に即応できる暗黙的な「気づき」や「未来予持」が醸成されている。

④直観の本質を物語る能力：リーダーは「水陸両用作戦」「近接航空支援」「垂直包囲」などの知的資産に基づいて、暗黙知の貯水池から新たなアイデア、コンセプト、仮説を生みだす。さらにリーダーは海兵隊の歴史に精通し、一人ひとりの隊員の武勇伝を歴史的文脈のなかに位置づけながら、未来に向けて挑戦する大きな歴史的構想を語り続ける。総司令官が随時発表する推薦図書や『マリーン・コー・ガゼット』の論争は、あらゆる階層のリーダーに海兵隊のあり方についてレトリック、物語、モデルを意識した議論を促進している。

⑤物語を実現する能力：リーダーは、自分の語った物語を現実化するために状況に応じて適切な手段を選択し、相手の意図を察知しながらゲームを巧妙に展開できるマキャベリ的知性を駆使する。レジューン総司令官は、海兵隊の任務拡大のために政治力をどう使うかを知っており、実際に海兵隊出身者の社会的ネットワークも活用して、海兵隊の革新の基礎を築いた。海兵隊のリーダーは、政治力を活用する一方で、政治家が海兵隊の使い方を誤らないように絶えず監視する。組織内では、海兵隊の同一力に基づくパワーが共有され、組織内政治は矮小化される。[*51] 政治的判断には、アリストテレスが「中庸」とも呼んだフロネシスの動的バランス力が要求されるが、既述したように中庸は単なる妥協点ではなく、的確な状況の読みに基づく「ちょうど《ジャスト・ライト》」の矛盾解消である。嵐の中で帆船が沈まないように航行するためには、時々刻々と変化する状

況に応じて一時も休まず調整し、動的均衡が達成できればよしとするフロネシスが要請されるのだ。[52] 海兵隊は存続への危機感を共有し、一人ひとりが広報マンのように、海兵隊と地域社会のつながりを語り、「見える」化している。

⑥実践的賢慮《フロネシス》を組織化する能力：時空間を超えて世界の現実と共鳴する自律分散組織を錬磨する。フラクタルなＭＡＧＴＦ、とりわけ恒常的に世界を回遊する海兵遠征隊（ＭＥＵ）に従事することを通じて、対話プラットフォーム、暗黙的統合の技能をはぐくむライフルマンシップ、平時の革新と戦時の適応を同期化し、「指揮」と「統制」を機動的に総合するミドル・アップ・ダウン、「任務戦術」や「二段階アップ」、実践的研究開発への参画、情報・技術体系の活用など、マニュアルでは記述しきれない機動戦のドクトリンを組織的に錬磨し、海兵隊文化と知的資本を進化させていく。

善い目的の大義がなければ、組織内外の多くの人々の信念を動員できない。[53] 戦況を正確に察知できなければ、間違った判断を下してしまう。場を作る能力がなければ、共観のプラットフォームを創発できない。うまく物語る能力がなければ、人を鼓舞かつ説得できない。政治力なくしては、すぐれた構想も画餅に終わる。実践知を組織に広められなければ、成員が育たず、日々の錬磨を通じて組織が持続的に成長できない。だからこそ、この六つが必要不可欠なのだ。

この六つの能力を、個人レベルでは習慣化し、組織レベルでは躾《しつけ》、型や文化にすることによって、成員はたえず変化する文脈の中で、いつでも主体的に動ける即応態勢（state of readiness）がとれるようになる。実践知が「教化された性向」（cultivated disposition）とも言われるゆえんである[*54]。

アリストテレスは、実践的賢慮の人々を「フロニモス」と呼んだ。フロニモスとは、高い志をもって共通善のためになすべきことを理解しつつ、社会的変化の現場で個別具体の兆候を感知・洞察して、大局観と状況・文脈の変化を考慮しながら、手段を判断し、選択し、実践していく。実践的賢慮リーダーの六要件は、単なるイデアではなく、常に実践が前提になる。最初から「ある」のではなくて、日々実践することで「なる」のだ。実践的賢慮リーダーは、共同化、表出化、連結化、内面化の知識創造の潜在能力を解き放ち、組織的に知識を知恵に昇華させるプロセスに自ら参画するとともに、相互作用を通じて組織全

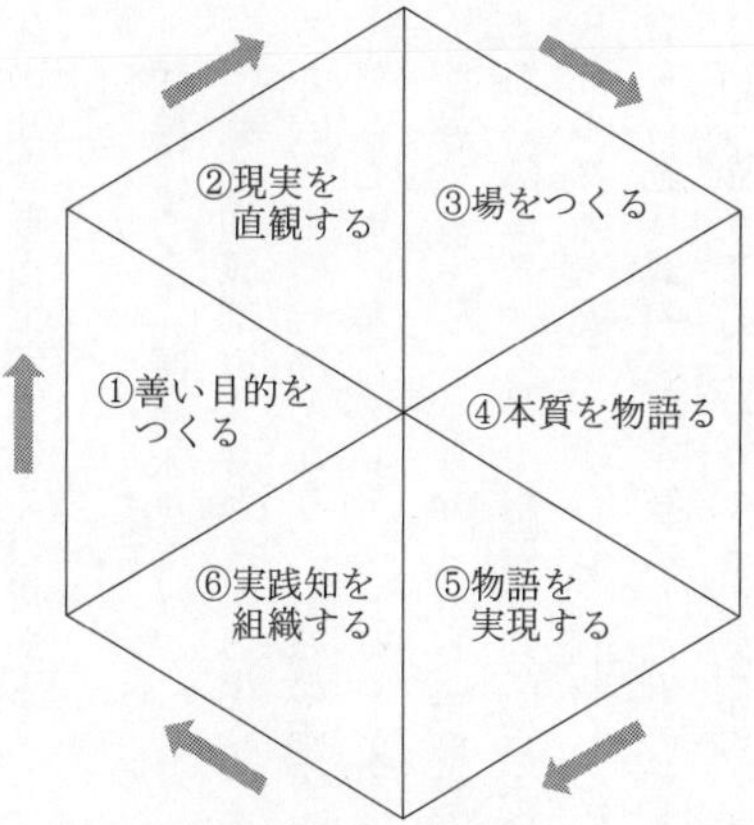

3－6　実践的賢慮のサイクル

体の知を鍛え上げていくのである（3-6）。

組織成果——知的資本

組織的知識創造プロセスから生みだされるプロダクトとしての知識は、組織に蓄積される知的資本の一部となり、組織の価値創出に貢献する。一般的に知的資本《インテレクチュアル・キャピタル》には、特許やライセンス、データベース、文書、ルーティン、スキル、社会関係資本《ソーシャル・キャピタル》（愛、信頼、安心感）、ブランド、デザイン、組織構造や文化などが含まれる。[55]

海兵隊にとって最も重要な知的資本は、ルーティンとしての型や文化であろう。型とは、状況の文脈を読み、総合し、判断し、行為につなげるために、個人や組織がもっている思考・行動様式の本質を躾にしたものである。リチャード・ネルソンとシドニー・ウインターは、企業の進化プロセスの効率性を安定的に維持する「ルーティン」を提唱したが、われわれは、創造性と効率性をダイナミックにバランスさせる「クリエイティブ・ルーティン」としての型を提示した。[56]海兵隊における型には現実からのフィードバックによる無限の自己革新プロセスが組み込まれており、茶道や武道における「守・破・離」のように、行動を内省し、その場で修正を加えて理想に接近していく職人道の身体化であり、ライフルマンシップのスキルや思考・行動規範の文化と同様に、アメリカ海兵隊にとってかけがえのない知的資本である。

さらに、海兵隊の型は、組織の構成員に深く刻みこまれた無意識の行為、プロセスとしての運動感覚《キネステーゼ》という暗黙知として定着している。この運動感覚という暗黙知が組織的に共有されているために、危機的状況においても、論理や官僚的手続きなしに、すべての階層において状況に即応した行動が取れるようになっている。

海兵隊における知的資本は、人と人との関係性やプロセスに豊かに存在している。前者は、ロバート・パットナムが「社会組織における社交ネットワークや規範、信頼という社会生活の特徴で、互いの利益に向けた調整や協力を促進するもの」と定義づけた社会関係資本《ソーシャル・キャピタル》そのものである。[*57] 海兵隊の社会関係資本は、階層的組織の合意形成に要する「正当化」コストを他軍種に比べて著しく低下させていると考えられる。「マリーン」という名称だけで、階級序列に関係なく上下一体となるのはその顕著な例である。海兵隊は、それに加えて、陸・海・空軍の機能を持っているので、それぞれの軍種と作戦の協働は言うまでもなく、共通あるいは類似の兵器（陸軍とライフルや重火器、戦車、海軍と揚陸強襲艦、海軍・空軍とF‐35戦闘機の派生型やオスプレイ）の共同開発などで密接な関係を持っている。「人々の積極的な連携の蓄積で、コミュニティにおけるネットワークを結びつけ、協働的な活動を実現するような信頼や相互理解、共有の価値観や行動」[*58]とも表現されるが、海兵隊においても強い社会関係資本は、組織内外の知を動員し、オープン・イノベーションを促進する基盤となっている。

5　海兵隊の知的機動力モデル

知識の最大の特質は、「人が関係性のなかで創る資源」ということである。知識は天然資源のように誰かに発見されて回収されるのを待っている資源ではなく、人が他者あるいは環境との関係性・相互作用のなかで主体的に創りだすコトであり、そのときの状況や知識を使う人の特質（思い、理想、主観、感情など）によってその意味や価値が異なってくる資源である。しかし、知識が「関係性のなかで創られる資源」ということは、文脈から切り離された静的《スタティック》なものとしては存在しえず、知識を理解するためには関係性・相互作用という動的《ダイナミック》なプロセスを理解する必要があることを意味している。

海兵隊の考える戦略的なグローバル知識環境（GKE：Global Knowledge Environment）は、ますます複雑に、多様に、そして不確実なものになってきている。海兵隊にとって企業の顧客や株主に似た存在は、合衆国国民と国民が選出した議員である。海兵隊は年間予算を受けているが、陸・海・空の三軍は「あって当然」だと認識されていても、海兵隊はそうではないので、絶えず予算に見合う存在価値を証明し続けなければならない[*59]。海兵隊の『海兵隊戦略21（Marine Corps Strategy 21）』では、海兵隊への要請がより挑戦的になってきている中で戦略的世界環境は未来の海兵隊を形成する機会でもある、と認識されており（3‐7）、海兵隊は、不確実な環境が生みだすカオスの創造性に着目し、主体的にカオスを活用しながら、国家さらには世界の安全保障を共創する「賢く勝つ」ことの「卓越性《エクセレンス》」を執拗に追求するとしている。このプロセスを推進するのは、先述したように、共通善を志向するビジョンや戦略目的の共有、多様な知と本質的な対話を触発する「場」の創造、状況に応じて修正可能なオープンエンドな物語の創造と実現、ライフルマンシップとOODAループに基づく思考・行動様式（型）のスキル化、自律分散のフロネシス（実践的賢慮リーダーシップ）とそれらを支援するMAGTF構造、将校と下士官を軸とするミドル・アップ・ダウン、ブート・キャンプを含めた人事・教育訓練と情報システムなどである。

軍事組織は、機能的には「勝つ」ことを大前提としている。そのために、集合的な身心一体すなわち「One for All, All for One.」（一人はみんなのために、みんなは一人のために）という精神《エトス》が共有されている。知的機動力のある組織では、コンテクストに応じて一人ひとりの海兵《マリーン》の主観（一人称）が組織レベルの客観（三人称）に変換され、「一即多・多即一」の俊敏性が発揮される。その際に最も重要な基盤は、一人称と三人称をダイナミックに連合させる二人称（相互主観）の生成プロセスにある。海兵隊の知的機動力は、海兵一人ひとりの主観が「我‐汝」の対面的な集団レベルの相互主観の生成を通じて、第三者を

3 - 7　海兵隊を取り巻く戦略的グローバル知識環境
出所：U.S. Marine Corps.（2013），p.4より抜粋，意訳.

より広く巻き込んだ組織・組織間レベルの客観としての思考・行動様式にダイナミックに変換する能力なのである。SECIモデルの無限追求は、あらゆるレベルの当事者を巻き込みながら組織の革新と創造の潜在可能性《ポテンシャル》を発揮するプロセスでもあるのだ。その理論化は、社会科学、とりわけ組織論の永遠の課題である。

主観と客観の総合の中核は、「我‐汝」関係の相互主観性（共観）を生みだすプラットフォーム（場）をダイナミックに創発させることにある。最初に主観があるのではない。他者との関係性の相互作用プロセスから共観が成立して、そこではじめて主観が成立する。われわれが一番わからないのは、自己自身である。他者との「我‐汝」、軍事組織の「貴様と俺」の相互主観による共感を通じて深い自己認識ができるのだ。相互主観を媒介にして、個人、組織、そしてより大きな世界へ、連鎖的に変換していくのである。「我‐汝」関係、すなわち個人が他者と真摯に向き合い身体を通じて共振・共鳴・共感することによって、「相互主観」が生成される。「我‐汝」関係のリアルな集合がチームなどのメソ・レベルの集団であり、集団が有機的に構成されて組織になる。一方で、一人ひとりが身体を通じて周囲の世界を感じ、知覚し、思考しながら創造した個人の主観は、まず「我‐汝」の二人からより多人数の集団の相互主観へ、さらには集団の有機的集合である組織のより客観性を高めた「共同主観」へと成長していく。こうして、個人‐集団‐組織‐世界がつながり、個人一人ひとりと各集団と組織が一体になって組織目的を追求することが可能になる。このように、メソ・レベルの集団における「共同化」こそが、海兵隊という組織の自己革新の基盤なのである。[*60]

　さらに主観・相互主観・客観の機動的な統合を支援するシステムとして、「ライフルマンシップ」と「ＭＡＧＴＦ」について説明しよう。「海兵隊員はライフルマンである」という原理は、海兵隊の精神《エトス》の核心である。誤射・誤爆《フレンドリー・ファイア》のリスクがある近接航空支援で、誘導する火力支援《ファイアサポート》チームの歩兵とパイロットの間で攻撃地点の「ぴったり《ジャスト・ライト》」の同期化が可能なのは、全員がライフルマンだからこそなのである。つまり、海兵隊員全員がライフルマンとしての視点・経験を共有しているのであり、それゆえに海兵隊パイロットは地上の前線で仲間がどのような状況や位置にあるのかがわかり、正確な支援が可能になる。言い換えれば、近接航空支援部隊のメンバーは各々のライフルマンとしての動感を働かせることによって、地上の前線で任務の遂行に当たっている仲間たちの思考のみならず、動きまで把握しているのである。

　水陸両用戦は、海兵隊の得意技であるが同時に最も厳しい戦い方である。どんなに有利な状況でも水陸両用戦は恐ろしい。上陸用舟艇の船首の道板《ランプ》が前に倒れて眼前に防御物がない海岸が現れ、敵陣から機銃掃射を浴びせられる。しかも、後ろは海で逃げ場はない。恐怖の極致である。しかし、前進あるのみだ。海浜での橋頭堡確保のスピードが生死の境を分ける。信ずるものは、ライフルと仲間と勝利の確信である。海兵隊に奉仕することは、命を賭してチームに奉仕し、「必ず勝つ」ということだ。作戦全体の成否は、特定地域の小部隊の勝利に懸かっているのだ。小部隊の成功の鍵は一人ひとりのマリーンがチーム・プレーヤーとして、いかなる状況においても全体の目的のために自己を犠牲にして奉仕するよう訓練されているかどうかである。それこそが伝統を継承しつつ超越する海兵隊の精神なのである。海兵隊員がお互いに信頼しているのは、苛酷な訓練をともに経て「ライフルマン」という共通のアイデンティティを獲得しているからである。[*61]

ペリリュー島の激戦に参加した海兵隊員は、次のように書いている。「仲間と直近の指揮官への信頼は絶対に必要だ。肉体的にも精神的にもあの試練を生き抜くことができたのは、海兵隊の規律と団結心と厳しい訓練のおかげだ、と確信している。もちろん、多くの運にも恵まれた。そして、現実主義も学んだ。日本軍のようにタフで献身的な敵に勝つためには、我々も同じくらいタフでなければならない。彼らが天皇に献身的であるように、我々も祖国アメリカに献身的でなければならない。これこそが、第二次世界大戦における海兵隊の戦略思想《ドクトリン》の真髄だったと思う[*62]」。

「海兵隊員は全員がライフルマンだ」という海兵隊の奥義は、その組織構造やシステムにも体現されている。海兵隊の中では、歩兵は仲間からgrunts（下働き）、ground pounders（地べた叩き）、gravel crunchers（砂利嚙み野郎）などと揶揄されているが、地べたにへばりつきながらも、前後左右上下の全方向への全身体感覚を磨いているライフルマンが他の機能と有機的に結合したときに、組織的な心身一如の強力なパワーを発揮する。すべての海兵隊員は、階級や職種のいかんにかかわらず、どんな状況下にあっても、すぐさまライフルをひっつかんで戦えるのだ。海兵隊では、ライフルマンが航空機、ヘリコプター、戦車、LVTなどを手足のごとく動かす。海兵隊のすべての機能は、歩兵を支援することに徹しているからである（3-8）。歩兵は他の機能と有機的に同期化した時に強力な機動戦を展開できる。海兵隊の機能は、ライフルマンを中心とするネットワークとして、地上支援、輸送・艦砲支援、役務支援、近接航空支援が有機的に配置されているのである。同時に、海兵隊員の判断と行動は、常に「無私性」を優先するものとなる。海兵隊のライフルマンシップは、その場だけの目先の利己を優先するよりも、より広い時空間で状況をとらえて共に戦う隊員や組織を信頼し、愛し、彼らを優先する判断や行動がひるがえって自己を生かすことになることを徹底して教える。これは、他者の能力を開発し活用することこそが善である、という考えにもつながるものである。[*63]

海兵隊出身の作家ウィリアム・マンチェスターは、沖縄戦で負傷しつつも病院を抜けだして前線復帰した自らの経験を次のように回顧している。

　それは「愛」の行為だったのだ。戦線にいる人間はすべて私の家族だった。彼らは、言葉で言い表せないほど私に近かった。過去と未来のいかなる友人も足元に及ばぬほど

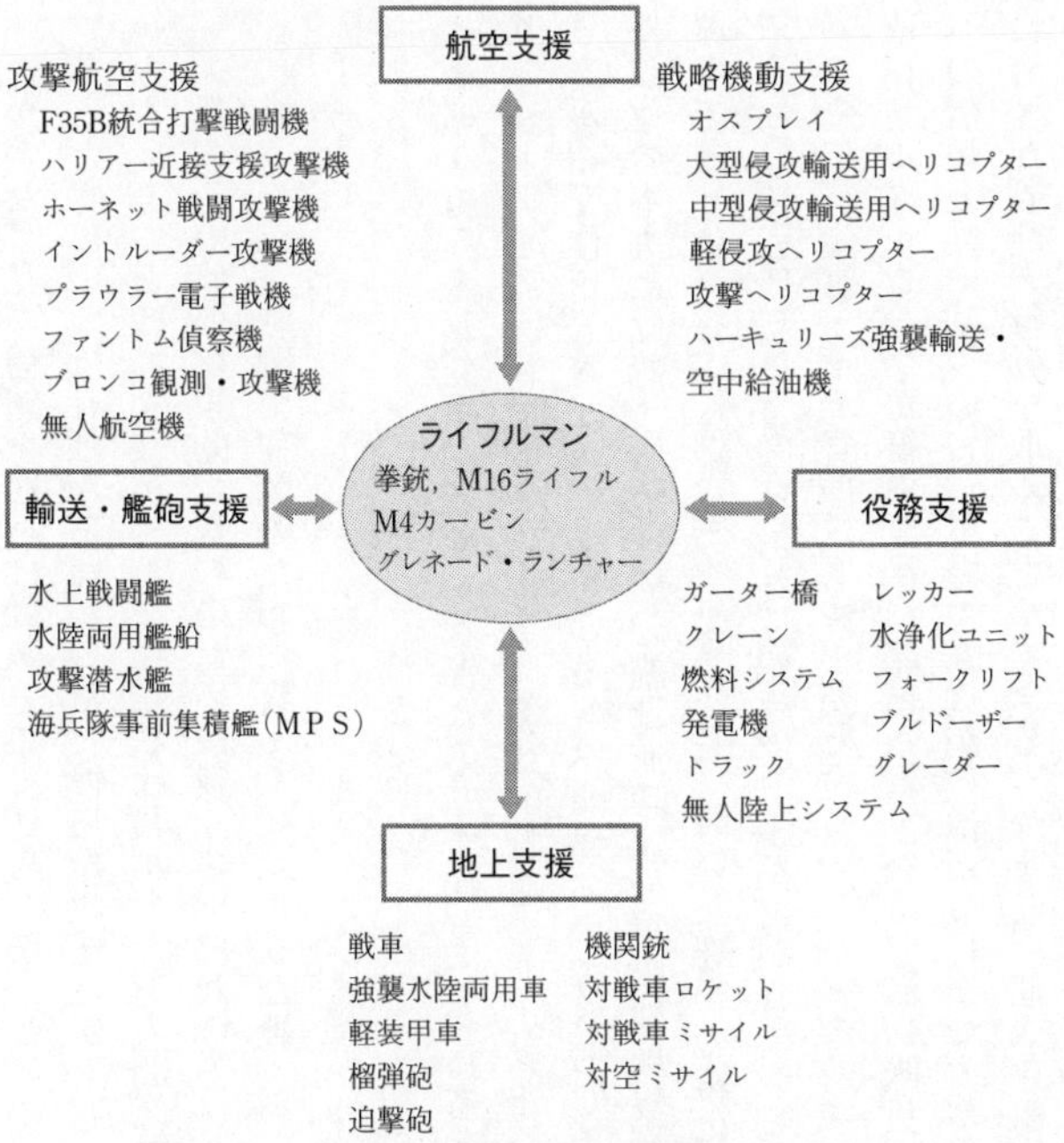

3－8　ライフルマンを中心とする有機的な配置

近かった。私の信頼を彼らはけっして裏切らなかった。そして私もそうだった。私は彼らとともにいなければならなかった。彼らを救えたかもしれないと知りながら自分だけ永らえることはできなかった。今、私はわかった。人間は国旗や国家のため、海兵隊や栄光やその他の抽象的なもののために戦うのではないということが。彼らは仲間のために戦うのだ。戦闘で仲間のために喜んで死ぬような戦友のいないやつは、まったく人間じゃない[*64]。

多様な組み合わせや関係性を状況に応じて作りながら有効な知的機動力を発揮する海兵隊においては、組織的知識創造、実践的賢慮のリーダーシップ、ミドル・アップ・ダウンが相互作用しながら、あらゆるレベルにおいてSECIスパイラルが回る。海兵隊の紋章の中央に位置する地球儀と錨は海兵遠征軍の地球規模の役割と能力を、そして、翼を広げた鷲は常時臨戦態勢を意味し、開いた巻物《スクロール》の絵には一九八三年に採用されたSemper Fidelis《センパー・フィデリス》.（常に忠実であれ）のモットーが書かれている。

さらに、士官・下士官のミドルを要とするミドル・アップ・ダウンの自律分散型・相互依存リーダーシップが縦横無尽に発揮されている。海兵隊員は、戦友と海兵隊と国家と神への信頼と愛に基づいて、現場の隊員から総司令官まですべてのレベルでそれぞれの目的に合った判断と行動を取ることができる。つまり、個人‐組織、縦‐横、部分‐全体で重

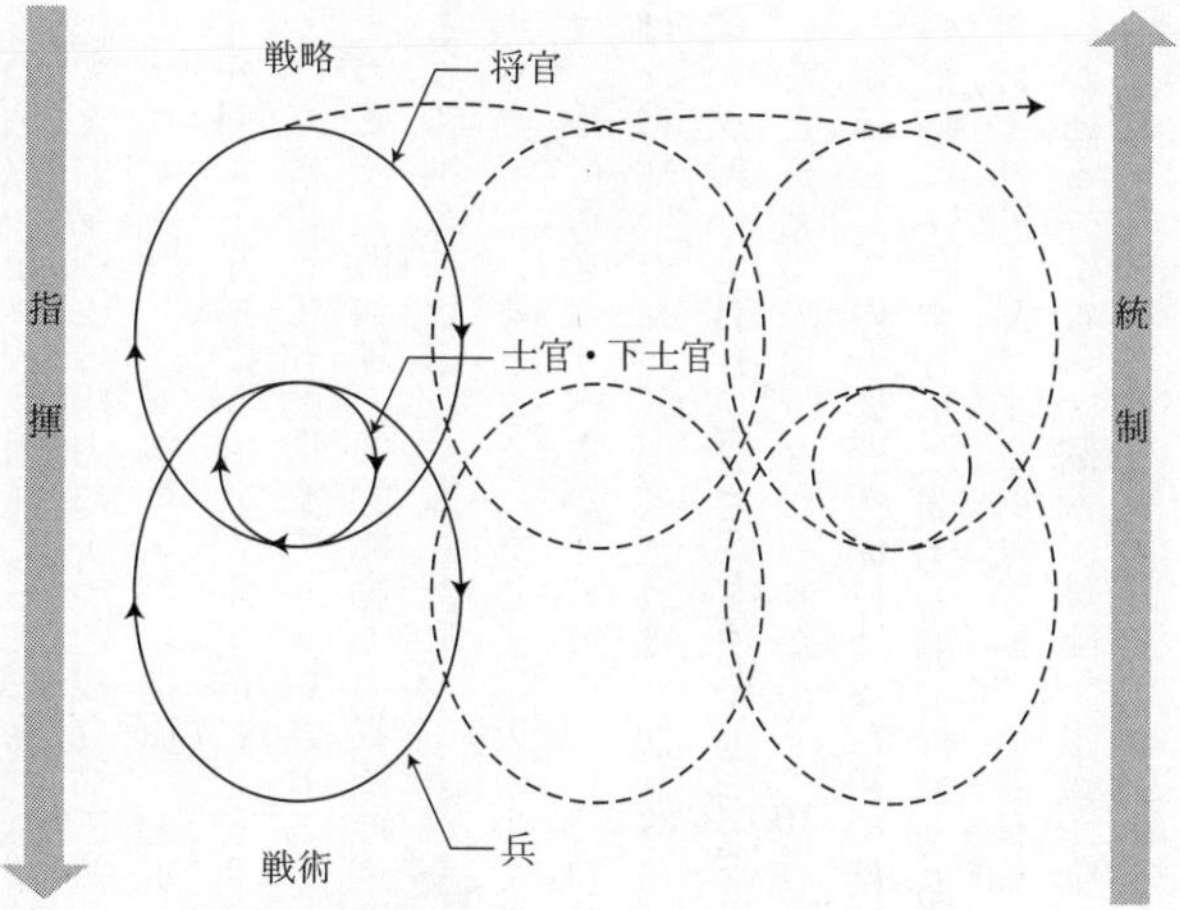

3-9　海兵隊知的機動力のミドル・アップ・ダウン

層的・多動的につながることによって、海兵隊の知的機動力は人間中心に地球レベルにまで増幅できるのである（3-9）。

海兵隊では全員がライフルマンであることから、個人の「暗黙的統合」が、MAGTFのようなフラクタル構造によって組織的にスキル化され、すべての人間がもつポテンシャルを解放し、オープン・イノベーションを漸進的あるいは破壊的に組織化している。なぜならば、すでに述べたように「暗黙的統合」は部分-全体の仮説生成、つまりアブダクションの作法でもあるからだ。ライフルマンである一人ひとりの海兵隊員は、ライフルマンを戦士のプロトタイプとして、絶えざる自己錬磨の職人道を邁進する。

その個人が集まった組織としての海兵隊では、共同化力、表出化力、連結化力そして内面化力という四つの能力によって成立する組織的知識創造、あるいは組織的イノベーションのプロセス、トップダウンの「指揮」とボトムアップの「統制」が、士官・下士官のミドルを軸に、重層的かつ状況即応的に止揚させるミドル・アップ・ダウンの実践知リーダーシップによって知的機動力が発揮される。

つまり、海兵隊の知的機動力の根源は、変化の激しい戦略的環境下において、人間による知識創造の仕組みに即した形で、組織全体としての知識創造の最大化と共有に大きな焦点を当てているところにある。砲火の中では、海兵隊員はどう命令を遂行するかのみならず、次に何をなすべきかを理解し、いつ自分が命令を下す立場になるのかまで考えなければならないのだ。言い換えれば、海兵隊は、最前線に向かう全員をリーダーにすべく「組織・環境一心体」(Organizationally-embodied/extended mind) を作り上げることに成功しているといえるのではなかろうか（3-10）。

組織としての一体感を保持するための精神的基盤として、組織のレベルでは海兵隊が何のために存在するかに関する根本哲学である「共通善」、個人レベルでは海兵隊員を結び付ける仲間意識であり共通の誇り《プライド》・身体知《スキル》・自己認識《アイデンティティ》である「ライフルマンシップ」の二つがある。これらは個人-集団-組織を動かす燃料であり、エンジンである先述の実践的賢慮リーダーシップの六能力と合わせ組織的知識創造の駆動力として、共通善の達成のた

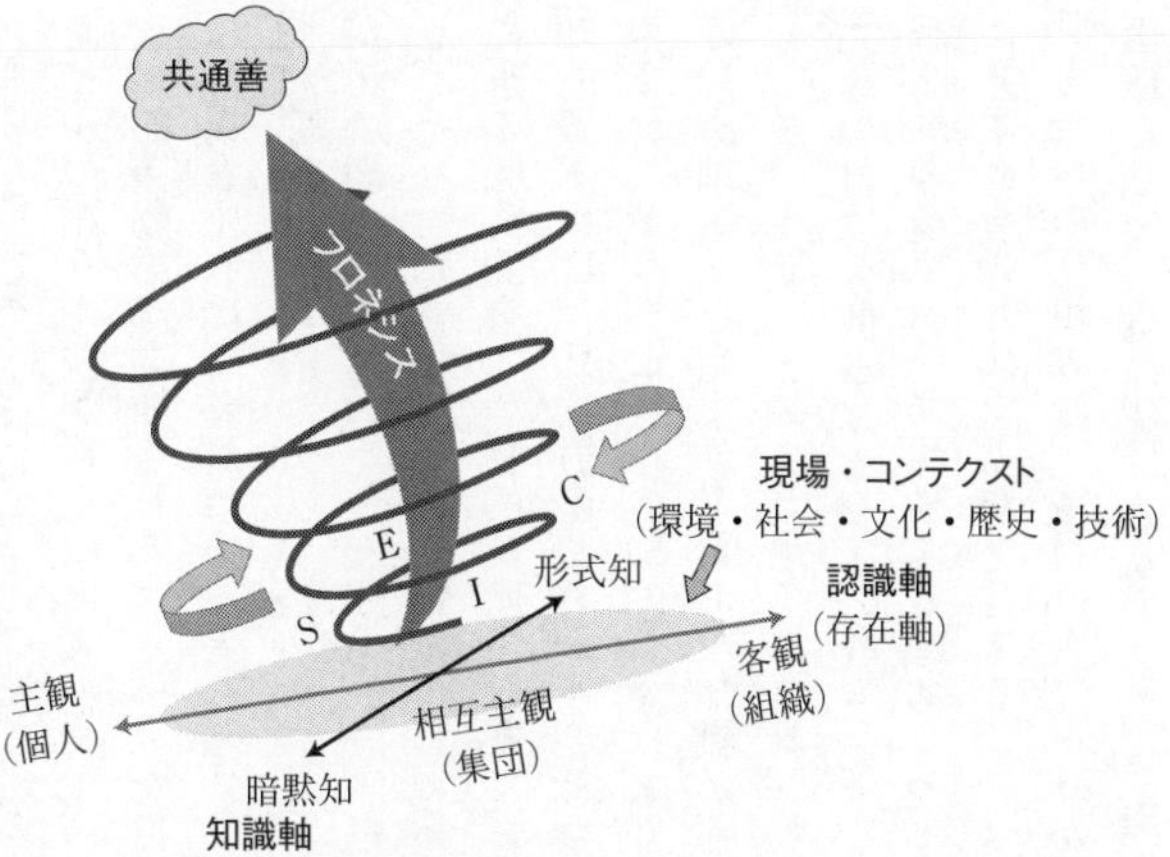

3 - 10　海兵隊の「組織・環境一心体」．図が示すように，個人，集団，組織の認識軸と暗黙知・形式知のスペクトラムを示す知識軸が，組織が活動するコンテクスト（環境・社会・文化・技術）と一体化して知識創造が行われるとき，組織・環境一心体が具現化され，組織内のフロネシスがはぐくまれていく．そして海兵隊の知識創造は常に共通善の達成を目指している

めにSECIスパイラルを回し続ける。

知的機動力を発揮するための「組織・環境一心体」の要諦は、存在論の軸では個人-集団-組織の両極の間をつなぐ「集団」であり、認識論の軸では主観-相互主観-共同主観の「相互主観」である。どちらも両極の中間のメソレベルである。集団レベルではメンバーの数もそれほど多くないので、直接対面も可能であり、互いの主観の違いも共通点も認識しやすく、違いを保ちながらも、認識の差異と同一の混ぜ合わせ《アマルガム》としての相互主観が生成しやすい（相互主観の

共通部分は共観とも呼ばれる）。組織レベルの共同主観は、主に形式知に表出化された集団レベルの相互主観から主に会議の場での正当化プロセスを経て創られる。

知的機動力が発揮されるプロセスを推進するもう一つのポイントは、海兵隊の知識創造は現場を中心に行われているところにある。典型的にMEUに象徴されるように、海兵隊員は常時グローバル知識環境のただ中に共生しているのである。つまり、現場にいる隊員がその環境にある「モノ」から「コト」、あるいは人間的感性に基づく知的関係性を見出し、それを知識化、そして資産化していくのである。この現場中心の知識創造を行うとき、従来の経済的資本や物的資産ではなく、海兵隊特有の「知的資本」がその役割を発揮する。知的資本には、知的財産やスキル、社会関係資本、ブランド、組織構造や組織文化などが含まれており、これらの知的資本は、知識創造の元となる源泉である。また、知的資本とは知識創造から生まれた新たな知識が蓄積されたものでもある。知識創造が共通善に向かってスパイラル・アップするにつれ、物的資本の総量は増幅していくのである。[*65] 中でも海兵隊の自立分散型リーダーシップのシステム（例、指揮と統制の分割）は、変化の激しい戦略的環境において活動するにあたって、その時々の場や状況に即した知識を蓄積するのに非常に有効な仕組みだと言える。

これらの仕組みは、隊員一人ひとりが現場にいるものから司令部にいるものまで含めて、組織として、「身体性を基盤としつつ環境と一体化している心」を構成し共有していることとを意味する。[*66] 海兵隊では、一人ひとりがそれぞれの身体や行動、そして周りの環境から作り出していくそれぞれの「心」を、相互主観や動感を通して一人ひとりがそれぞれの心をつなげて伸展させていくことによって、「海兵隊」としてあたかも一人の人間であるかのような組織の心を成しているのである。つまり海兵隊は、隊員一人ひとりが、小隊一つひとつが現場で実際に行動することによって、環境に影響を与えつつ、そこの過程から創造される知識を、組織的な心を介して隊員同士で共有、錬磨して知恵化し、さらなる知識を共創しているのである。知識、そしてそれを生み出す心というのが、人間の身体的経験、そしてその場の時間や社会的、物理的環境とは切り離せない関係にあること（embodied mind）を理解しつつ、そこから得られる知識を、「海兵隊の組織としての心」という枠組みを通してダイナミックに創造、共有し、仲間と連動し合えているのである。

6　おわりに

アメリカ海兵隊は、言うまでもなくアメリカの組織（さらに言えば、強くて謙虚で理想主義的なアメリカのよい面を体現している組織）として、アメリカが生んだプラグマティズムの哲学に大きく影響を受けている。プラグマティズムは、現実に役に立つモノやコトこそが真理であるとする意味では、一種の現実主義《リアリズム》とも言えるが、海兵隊のプラグマティズムはそう単純ではない。海兵隊のプラグマティズムは、一方では共通善という価値の実現を目指すプラグマティック理想主義の側面があり、他方ではその理想を実現するという目的のために、したたかに、容赦なく、徹底的に現実主義的であろうとする理想主義的プラグマティズムの側面を持っている。つまり、理想主義や現実主義の両極のどちらかであるというよりは、両方の側面を持っているのである。

知的機動力は、「二項対立」(dualism)ではなく、「動的二項態」(dynamic duality)という概念が基盤となっている。二つの相反しながらも相互補完的な性質を持つ要素は、両極の一方のみが正しいのではなく、どちらも一面的に正しいのであり、両者を相互作用させながら文脈に応じて両者の重点配分を変えつつ、ダイナミックに実践し、有効であることを実証してこそ真理である、というプラグマティックな考え方である。[*67] 異なる両極の相互作用から新しいモノやコト、画期的なモノとコトのシステム(すなわちイノベーション)が生まれるのである。「動的二項態」は両極のどちらかを闘争を通じて消滅させるマルクス弁証法と異なり、より生産的な対話や交渉によって両極の長所を活かせる状況即応のダイナミックな「中庸」を創造し実践する。海兵隊は認識軸では組織の客観と個人の主観を結ぶチームの相互主観、行動軸では組織理念としての共通善を目指す理想主義《アイディアリズム》と実戦で必須の現実主義《リアリズム》の中庸である理想主義的現実主義《アイデアリスティック・リアリズム》など、一見相反する二つの要素を組織的に相互作用させながら巧みにダイナミックな中庸を創造・実践しているのだ。

海兵隊では、対話と実践をベースにした弁証法を通して「動的二項態」の概念をあらゆる組織原理に展開している。つまり、両極をつなぐ「メソ」レベルを基軸とした「一即多、多即一」の関係性の構築である。例えばＭＡＧＴＦでは、組織はすべて「三原則」で、構造化している。ＭＥＦ、ＭＥＢ、ＭＥＵでは、中間のＭＥＢが、ＳＰＭＡＧＴＦを入れればＭＥＵのメソ・レベルを基軸に、状況に応じてミドル・アップ・ダウンの動態構造となる。『ウォーファイティング』では、戦争のレベルを戦略と戦術をつなぐ作戦レベルを入れた三層のレベルの動的三位一体としてとらえている。指揮《コマンド》・統制《コントロール》では、命令はトップ・ダウン、統制はボトム・アップで士官・下士官のミドル・アップ・ダウンが基軸で行動する。市街戦のスリー・ブロック・ウォーでは、四人のライフル・チームのリーダー（伍長）がミドルとしてトップを統制することさえ行う。人事的に見ても、海兵隊では、状況に応じてレジューン、グレイ、クルラックなどミドルやフロントの知を強力に触発・動員するビジョナリー・リーダーが出る一方で、それを確実に実行・錬磨するプラグマティックなトップが登用されてきた。歴史的に見れば、まさに、理想主義と現実主義を動的二項態の考え方に基づいて実現してきたと言える。海兵隊は「動的二項態」をいわば組織的に体現してきた軍隊なのだ。

それでもなお、海兵隊の存在意義は問われ続けている。

二〇一五年十二月、アシュトン・カーター米国防長官は、二〇一六年から最前線での戦闘任務を含む米軍全職種への女性の配属を認めると発表した。これにより、男性に限定されていた陸軍特殊部隊のデルタ・フォースとグリーン・ベレー、海軍特殊部隊のシールズなども女性へ門戸開放される。海兵隊は、男女混合では男性部隊と同等の能力が期待できない、これまでの実験データに基づいて最前線司令部への女性配置は妥当でも、戦闘部隊とりわけ分隊レベル（一三人）には不適であると主張したが、「例外は認めない」と否定された。[*68]海兵隊出身のダンフォード統合参謀本部議長が十二月三日におこなわれた記者会見に同席しなかったのは、抗議の意思を示したとの見方もある。

この会見で、カーター米国防長官は「アメリカの人口の約半分は女性で、国防の任務を成し遂げる上で、女性の能力と技能を除外する余裕はない」と述べ、オバマ大統領は「歴史的な前進であり、軍をさらに強くするだろう」と評価した。この背景にはオバマ大統領の安全保障戦略の理想主義と海兵隊の「常在戦場」の現実主義の葛藤があり、海兵隊にとって新たな挑戦が突きつけられたことになろう。

海兵隊内部においては、『マリーン・コー・ガゼット』を中心に、海兵隊のあり方について本質的な議論が続いている。[*69]これまでの大統領に対する批判もある。アメリカには、武力の行使を正当化する時に、リンカーンのように偉大な理想《グランド・アイデアル》を語る伝統があった。しかし現代においては、ロナルド・レーガンの国家安全保障戦略を除き、大統領は次第に内向きのポピュリストとなり、アメリカの軍隊はなんのために存在し、なぜ戦うのかについての高邁な理想の表明に二の足を踏むようになってしまったというのである。これは共通善についての葛藤であろう。

海兵隊よ、「汝自身」を知れ、と主張する論考もある。[*70] 本質的な議論の一つは、海兵隊は真に革新的な組織になっているのか、という自問自答だ。例えば、海兵隊はこれまで「水陸両用作戦」「近接航空支援」「垂直離着陸包囲」「機動戦」「対叛乱（COIN）」などのイノベーションを生みだしてきたが、その後、それらを超える概念やモデルを生みだしているのか？ 漸進的な改善にとどまっているのではないか？ 受動的適応にとどまり、能動的に変化を創造する組織になっていないのではないか？ それはなぜなのか？

それらの問いかけに対して、次のような意見が掲載されている。過去にレジューン総司令官が部下エリスの「水陸両用作戦」のアイデアを採択し、プロジェクト・リーダーに任命して、組織を挙げてその実現を支援したことで海兵隊全体の創造性が高まったように、今こそ一人のマリーンのアイデアを、まずはチームをあげて支援し、次に組織全体で実現させることによって、マリーンの創造的かつ批判的スキルを強化すべきである。イノベーションは、多様な背景、経験、スキル、妄想癖（パラノイア）をもち、組織の問題点に全人的にコミットしたコミュニティから生まれる。実際、海兵隊の諸問題の解決は主に下士官や士官のレベルで解決されており、彼らにアイデアの実験と協働の機会をさらに与えることによって、本来の海兵隊の革新能力を覚醒させることができる。さらには、近年中東での主要な戦闘形態が人口の密集した都市部でのゲリラ戦となっている一方で、それに対応する作戦に従事する歩兵部隊の戦闘効率が上がっていない現実を鑑みると、海兵隊はF-35Bなど都市部のゲリラ戦であまり効果を発揮しない高額なステルス戦闘攻撃機よりも、歩兵部隊の作戦実行を直接補助する、携帯ミサイル、ロケット砲、無人機やデジタル携帯機器などの装備の充実に予算を費やすべきだ、などという核心的な主張もなされている。そうなると、従来の指揮《コマンド》・統制《コントロール》もトップダウンの発想を抜け切れていないので、軍曹を指揮官とする一二人の分隊（squad）レベルを基軸とした指揮・統制に再構築すべきである、等々。[*71]

瞠目すべきは、海兵隊自身がこうした課題を察知し、反省して、盛んに論争しつつ行動につなげようとしているという事実である。それは、海兵隊という組織に共有されている自己革新の組織文化のあらわれである。そういう意味で、海兵隊の知的機動力は、「組織存続」と「常在戦場」の危機感への組織的な本能に動機づけられているのではないだろうか。

一九六六年にボストン・コンサルティング・グループ日本法人を設立したジェームズ・アベグレンは、ガダルカナル、グアム、硫黄島で日本軍と戦った海兵隊員であった。彼は『日本の経営』（一九五八年）において、戦後の日本企業の発展の源泉が「終身雇用」「年功序列」「企業内組合」にあると論じて日本的経営を概念化したが、これらの概念は今日では古いと批判されている。本当にそうだろうか。

確かに、日本的経営で最も重要な要素は終身雇用制であると言われてきたが、その原語は「ライフタイム・コミットメント」であり、「ライフタイム・エンプロイメント」ではなかった。それは生涯にわたるコミットメントが「終身関係」と訳され、「終身雇用」とまちがって理解され続けてきたのであった。[*72] 海兵隊のOnce a Marine, Always a Marine.を想起させるように、「ライフタイム・コミットメント」の本来の意味の組織を去っても「一生涯続くコミットメント」は、「よい」組織のあり方として普遍的な価値を持つのではないか。年功序列は、陸軍のように一時昇進《テンポラリー・プロモーション》制度もなく、経験の段階的蓄積を重視する海兵隊の等級昇進《ランク・プロモーション》制度と似ているし、企業内組合も、内部においては階級を問わず、固い団結力をもつ一方で、外部組織とは猛烈に競争する海兵隊の行動性向と通底するものがある。

このように海兵隊と日本企業は似ている。中国の擡頭、イスラム圏の動乱、イギリスのＥＵ脱退、内向き志向のトランプ米大統領の登場などの国際情勢の大変動、ＡＩやＩｏＴ(Internet of Things)、ビッグデータなど情報通信技術の急速な発展、さらには国内の少子高齢化・人口減少などの環境の激変にさらされながら生き延びようとしている日本企業には、知的機動力を持つ海兵隊が一つのモデルになる。

今の時代には、どの組織も生き残れる保証はない。海兵隊は、一七七五年の創設以来、何度も存在価値を問われてきた組織であり、その度に自己革新組織として変わり続けて成果を出し、すなわち知的機動力を発揮し新たな存在価値を創造することで、二百四十年もの長い時間を生き延びてきた。

先が読めないほど組織を取り巻くグローバル知識環境の変化が激しい今の時代には、俊敏かつ知的な判断・行動を可能とする組織の知的機動力が必須である。知的機動力は、組織成員一人ひとりの心と体を一つにすることで組織が一つの心と体を持って環境に棲みこむ、すなわち「組織・環境一心体」になることで実現できる。

第Ⅱ部　『ウォーファイティング（*Warfigting*）』

野中郁次郎訳

第Ⅱ部はアメリカ海兵隊のドクトリン『ウォーファイティング』（*Warfighting*）の全訳である。初版は一九八九年発行で、本書の翻訳は一九九七年発行の第二版を底本とした。

まえがき（第二版）

『艦隊海兵隊マニュアル1 ウォーファイティング』は、一九八九年に初めて出版されて以来、海兵隊の内外に大きな影響を与えてきた。それは、戦争についての海兵隊の考え方を変えてしまった。活潑な論争を巻き起こし、数か国語に翻訳され、他国の軍組織から発行されたり、商業出版されたりもした。米軍他軍種のドクトリンの開発にも強い影響を与えた。現在の米海軍ドクトリンは、このマニュアルに記述された教義に基づいている。現存する概念や「海からの機動作戦」のような開発中の概念は、その基盤を本書に含まれる哲学から得ている。このマニュアルに述べられているわれわれの戦争哲学は、統合ドクトリンと一致しており、他軍種との円滑な作戦行動に貢献している。

とは言え、本書はまだ改善できるし改善すべきだ、と私は信じている。軍事的ドクトリンに停滞は許されない。特に状況適応でなければならない機動戦はそうである。ドクトリンは、経験の蓄積や理論の進歩、戦争それ自体の相貌《そうぼう》の変化に合わせて、進化し続けなければならない。本書はこの精神で改定された。この『海兵隊ドクトリン・シリーズ1』は、『艦隊海兵隊マニュアル1』に取って替わるものである。改定にあたり私はいくつかの目標を立てた。一つは戦争の本質についての記述を強化すること、例えば、戦争の複雑性や予測不可能性を強調すること、そして現代戦争の新たな側面を説明するために戦争の定義を拡大することである。もう一つの目標は、戦争様式《スタイル》の記述を明確にすることである。三番目の目標は、機動戦の重要な概念、例えば指揮官の意図（intent）、主力（main effort）、致命的弱点（critical vulnerdbilities）などの概念を明らかにして精緻化することである。これらのことを行うにあたって、原書の精神、様式《スタイル》、重要なメッセージを維持することを意図した。

ごく簡単に言えば、本書はアメリカ海兵隊を特徴づける哲学について書かれている。ここに含まれるのは、単に戦闘行動の手引きではなく、考え方である。本書は、いかに戦い、いかに戦いに備えるか、についての信頼できる基礎を提供する。本書には行動のための具体的な手法や手順は含まれていない。むしろ、概念や価値という形での大まかな指針を提供している。使うにあたっては、判断が必要である。

本書は参照するためのマニュアルを意図していない。始めから終わりまで読んでもらうように設計されている。四つの章の流れは自然である。第一章は、戦争の特徴、問題、要求についてのわれわれの理解を述べている。第二章は、その理解から戦争の理論を導出している。この理論が、第三章と第四章それぞれで戦争の準備と遂行の方法論的基盤になっている。

経験が示すように、本書に書かれている戦争哲学が適用されるのは将校だけに限るものではない。一兵卒であれ将校であれ、すべての海兵隊員が本書を読んで理解し、その哲学に則って行動することを期待している。A・M・グレイ大将が一九八九年の初版本のまえがきに書いたように、本書は、戦争、危機、平和のそれぞれのときの任務にいかに立ち向かうかを指し示す行動哲学を述べているのである。

一九九七年六月二十日

C・C・クルラック
大将・合衆国海兵隊
海兵隊総司令官

序 文（第二版）

八年前、海兵隊は『ウォーファイティング』の初版を出版した。われわれが意図したのは、戦争の哲学を述べ、それを海兵隊ドクトリンとして確立し、読みやすい形で提供することであった。そのまえがきで私は、すべての将校に本書をくり返し読み、理解し、そのメッセージを心に刻むように求めた。それは成功し、『ウォーファイティング』は教室や将校室で、あるいは訓練場や戦場で、議論や論争を引き起こした。本書に含まれる哲学は、われわれの任務一つひとつの取り組み方に影響を与えた。

『艦隊海兵隊マニュアル1』は、「戦争は永遠であり、かつ絶えず変化している。すなわち、戦争の本質は変わらないが、用いる手段や方法は絶えず進化している」と述べている。戦争と同じように、われわれの戦い方も進化しなければならない。われわれの専門的職業《プロフェッション》を練磨し、拡張し、改良することを止《や》めれば、われわれは時代遅れになり、停滞し、そして敗北するリスクを負うことになる。『海兵隊ドクトリン・シリーズ1』は、われわれの戦争哲学を洗練し拡張して、戦争の本質についての新しい考えやこの一〇年間に参加したさまざまな作戦から得られた理解を取り入れている。この本を読み、学び、心に刻め。

常に忠誠を

A・M・グレイ

合衆国海兵隊大将（退役）

第二九代海兵隊総司令官

第1章　戦争の本質

「戦争ではすべてがシンプルである。しかし、最もシンプルなことが難しい。このシンプルな難しさが蓄積され、最後には戦争経験者でなければわからないような摩擦《まさつ》を生み出す」[*1]

——カール・フォン・クラウゼヴィッツ

「戦争で最も計算できないのは人間の意志である」[*2]

——B・H・リデルハート

「破壊されたからという理由で陣地を失うことはめったになく、ほとんどの場合は、リーダーが心の中でその陣地を守りぬくのは不可能だと決めつけたからである」[*3]

——A・A・ヴァンデグリフト

海兵隊の戦争哲学を理解するには、まず戦争そのものの本質、すなわち戦争の道徳的、精神的、物理的な特徴と戦争が何を求めるのかを理解する必要がある。戦争について海兵隊員が持つ共通の見方が、まとまりのあるドクトリンの基盤となる。戦争遂行の方法は、戦争の本質の理解から出てくるからである。

戦争の定義

戦争とは、武力行使を特徴とする組織化された集団間の利害衝突である。これらの集団とは、伝統的には既成の国民国家であるが、それ以外のいかなる集団も含まれる。例えば、国家間の連合や既成国家内の党派である。これらの集団は、それぞれの政治的利害を持っており、組織的暴力を生み出して重要な政治的結果をもたらす能力を持っている。

戦争の本質は、自己の意志を他者に押しつけようと敵対する、和解できない二つの独立した意志の間の暴力を伴う闘争である。戦争は、根本的には社会的相互作用プロセスなのである。クラウゼヴィッツはそれをZweikampf（文字通り、「二者間の闘争」）と呼び、互いに相手を投げようと力を対抗させながら四つに組んでいる二人のレスラーのイメージで示した。[*4] 戦争は、このように絶え間なく相手に対応しながら、攻められたら攻め返し、相手の動きに対抗し合うプロセスである。心に留めておくべき重要なことは、敵は受け身の無生物ではなく、目的や計画を持つ独立して生きている力だ、ということである。敵にわれわれの意志を押し付けようとしても、彼らは抵抗し、彼らの意志をわれわれに押しつけようとする。対立する人間的意志の間のこのダイナミックな相互作用の理解は、戦争の本質の理解に欠かすことはできない。

戦争の目的は、敵にわれわれの意志を押しつけることである。この目的のための手段は、軍事力による暴力の、組織だった行使あるいは威嚇《いかく》である。この暴力の対象は、敵対的、好戦的な軍隊だけに限るかもしれないし、あるいは敵対的な人々全般に拡げられるかもしれない。戦争には、大規模な軍隊間の激突――時には公式の宣戦布告に基づくもの――から、暴力とも言えないより微妙な不正規敵対行動まで幅がある。

　実際には、全面戦争も完全平和もめったに存在しない。それらは両極端であり、その間に多くの政治的集団間のさまざまな関係が存在する。この範囲に含まれるのは、通常の経済競争、ほとんど永久的に存在する政治的あるいはイデオロギー的な対立、稀《まれ》にある集団間の危機などである。ある種の武力を行使する決断は、この両極のどこかで起こるが、比較的平和な時期でも起こることがある。この連続相《スペクトラム》の一方の極には、国内争乱や災害救援作戦で単に秩序維持・回復のために用いられる軍隊がある。他方の極には、ある社会の中で、あるいは複数の社会の間で、既存の秩序を覆すための武力行使がある。ある文化は、仲たがいを解決するためのすべての平和的手段が失敗したときの最後の手段として戦争を考えるのが道徳的義務だ、と考える。他の文化は、自分たちの目的を達成するために武力を行使することに躊躇《ちゅうちょ》しない。

摩　擦

二つの意志の間の衝突として描くと、戦争はシンプルな活動のようにも見える。実際は、無数の要因が戦争に影響を与えるために、戦争の遂行は極めて困難である。これらの要因は、まとめて「摩擦」(friction)と呼ばれてきたが、クラウゼヴィッツはそれを「一見すると簡単なものを非常に難しくする力」[*5]と表現した。摩擦とは、すべての行為に抵抗し、エネルギーを吸い取ってしまう力である。簡単なことを難しくし、難しいことを不可能に思えるようにしてしまう。

対立する二つの意志の衝突という戦争の真の本質が摩擦を引き起こす。このように武力がダイナミックに作用し合う環境には摩擦が数多くある。

摩擦は、一連の行為における優柔不断のような精神的《メンタル》なものもあろう。敵の効果的な射撃や地形的な障害のように乗り越えるべき物理的なものかもしれない。敵の行動や地形、天候、あるいは単なる偶然のように外部から押し付けられるものでもありうる。明確に定義された目標や調整の欠如、不明確で煩雑《はんざつ》な計画、錯綜《さくそう》した任務組織あるいは指令関係、複雑な技術などの自己誘発的な要因がもたらす可能性もある。なんであれ、戦争は人間活動なので、摩擦はいつも心理的かつ物理的影響をおよぼすのである。

自己誘発的な摩擦を最少にする努力は必要だが、より必要なのは、それらが存在していても「効果的に戦う」ことである。摩擦を克服する重要な手段は意志である。摩擦に勝つのは心と魂の不屈の強さである。摩擦がわれわれに与える影響を克服しようとする努力の一方で、同時に敵の戦闘能力を弱めるレベルまで摩擦のレベルを上げなければならない。

摩擦の実例をたくさん挙げることはできるが、摩擦を自ら経験するまでは完全な理解は望めない。経験を通じてのみ、摩擦を乗り越える意志の力を理解でき、戦争で何が可能で何が不可能かの現実的な理解が可能になる。訓練を戦争に近似させる努力は必要だが、実戦での摩擦のレベルと完全に同じにするのは不可能だ、ということを理解しなければならない。

不確実性

戦争のもう一つの特性は不確実性である。不確実性は、摩擦の多くの原因の中の一つだとも言えるが、戦争に広く見られる特性なので、ここで個別に論じる。戦争の活動すべてが不確実な雰囲気、すなわち「戦争の霧」（fog of war）の中で行われる。不確実性は、敵や環境について、あるいは味方の状況さえ知らないという形で、戦闘に充満している。情報を収集することでこれらの未知を減らそうとするが、なくしてしまうことも、それに近づけることさえもできないことを理解しなければならない。戦争の本質そのものが確実性を不可能にする。戦争の活動すべてが、不完全で不正確、あるいは矛盾した情報に基づいているのである。

戦争は本質的に予測不可能である。望めるのは、せいぜい可能性や確率を決めることぐらいである。これは、何が可能で何が不可能か、何がありえそうで何がありえそうでないか、に関する何かしらの軍事的判断を示唆している。確率を判断することで、敵の画策を推定し、それに応じて行動する。こう書いて気がついたが、戦争の帰趨《きすう》にしばしば大きな影響を与えるのは、まさにこのようなまさかと思われる行動なのである。

不確実性を完全になくすことはできないので、それがあっても効果的に戦うことを学ばねばならない。シンプルで柔軟な計画を立案し、ありそうな不測事態に備え、標準作業手順を開発し、部下の自発性《イニシアティブ》を養うことで、それが可能になる。

不確実性の原因の一つは、「非線形性」（nonlinearity）として知られる性質である。この言葉は、ここでは戦場の陣形ではなく、原因と結果が相応していないシステムを意味している。小さな出来事や行動であっても決定的な影響を与えることができる。戦闘の結果は数人の行動に左右されるし、クラウゼヴィッツが述べたように「明暗を決めるのは、単なる逸話として歴史に現れるほどの小さな偶然や事件である[*6]」。

不確実性は、その性質からして、常にリスクの評価と受容を伴う。リスクは、戦争につきものであり、すべての任務に含まれる。行為にも無為にも同様にリスクはある。リスクは戦果に相関しており、より大きな戦果の可能性にはより大きなリスクを伴う。戦闘力を主力に向けて集中させれば、他の戦場ではリスクに慎重にならなければならない。しかしながら、はっきりと理解すべきは、リスクを受け入れることと一つのありそうもない出来事に成功の可能性のすべてを賭けるような軽率な積極性とは同じではない、ということである。

不確実性には偶然という制御できない要素も含まれている。偶然は、戦争に普遍的な特徴であり、連続する摩擦の原因である。偶然を構成しているのは、合理的に予想できずわれわれにも敵にも制御できない事態の転変である。戦争の帰趨に影響する偶然が常にある可能性と、計画や行動にインパクトを与える偶然の影響を排除する不可能性とが合わさって、心理的な摩擦を作り出す。しかし、偶然が交戦中のどちらの側にも一方的に有利に働くことはない、と銘記すべきである。したがって、偶然を脅威としてだけでなく、いつでも活用できるように常に準備しておく機会としても見るべきである。

流動性

摩擦や不確実性と同じように、流動性（fluidity）も戦争の基本的な特性である。戦争における一つひとつの出来事は、ある瞬間いくつかの事情がそれ以外にない形で組み合わさった結果であり、固有の問題群を提起し、独創的な解決案を必要とする。それでも、それらの出来事を一つひとつ切り離して見ることはできない。むしろ、一つの出来事は、その前の出来事によって形成され、その後の出来事の条件となり、すなわち前後の出来事と合わさって、あっという間に過ぎ去っていく機会と予測できなかった出来事にあふれた、連続的活動がゆらいでいる流れをつくる。戦争は流動的な現象なので、戦争の遂行にあたっては思考の柔軟性が必要である。成功は、適応能力すなわち変わりつつある出来事を自分たちに有利になるよう積極的に形成し、絶えず変化する状況に対してすばやく反応することに大きく依存している。

テンポの速い活動を無期限に続けることは物理的にも不可能であるが、明らかに兵員と装備を限度まで使うことが有利に働くときがある。戦争のテンポは、激しい戦闘の時期と情報収集と補給と移動に限定した時期との間でゆらぐ。天候や夜の暗闇も戦争のテンポに影響するが、止めることはできない。競合のリズムが二つの対立する意志の間に生まれ、交戦中のそれぞれの側は、自分の目的に合うように連続した出来事の流れとテンポに影響を与えて利用しようとする。

軍隊は敵に的を絞るために戦力を集中する。しかし、この集中は戦力を敵の火器にさらす弱点にもなるので、戦力分散の必要性に気づく。こうして、もう一つの競合するリズム、分散、集中、また分散というリズムが生まれ、交戦するそれぞれの側が一時的に戦力を集中する一方で敵の戦力への弱点を小さくしようとする。

無秩序

摩擦、不確実性、流動性の環境では、戦争は当然ながら無秩序（disorder）の方向に向かう。戦争の他の特性と同じように、無秩序も戦争の基本的特性である。それをなくすことはできない。戦闘の真っ最中に計画は頓挫《とんざ》し、指令と情報は不明確で誤解され、意思疎通《コミュニケーション》はうまくいかず、過ちや想定外の出来事があたりまえに起こる。まさしくこの当然の無秩序が、機会主義的な意志が機会を利用するのに熟した条件を創り出す。

戦争における敵との遭遇は、時間がたつにつれて混乱の度合いを深めていくのが普通である。状況は絶えず変化するので、何度も何度も機転を利かせて行動することを余儀なくされ、ついには最初の画策とはほとんど似ても似つかぬものになってしまう。

歴史的水準から見ても、現代の戦場はとりわけ無秩序である。過去の戦場は線形の隊列と間断なき最前線で描写できるだろうが、今日の戦場を線形の用語で考えることはできない。現代兵器の有効距離や致死性は、部隊と部隊の間を離散させることになった。通信技術があっても、この離散は積極的な統制への負担になっている。この離散の当然の結果は、敵がつけこむことができる空白地域、間隙《ギャップ》、無防備な側面であり、前線と後方、味方と敵が支配する地域の違いが曖昧になる。

戦争という出来事は、時計のように規則正しく展開することはない。出来事に明確で積極的な統制を無理に押し付けることは望むべくもない。せいぜい望めるのは、秩序の全般的枠組みを無秩序に押し付けて、個々の出来事を制御するよりは行動の全体的な流れに影響を与えることぐらいである。

もし勝つつもりなら、無秩序な環境においても作戦行動ができなければならない。実際、無秩序に直面しても効果的に戦えるだけでなく、無秩序を作り出して、敵に対してそれを武器として使えるようにしなければならない。

複雑性

戦争は複雑な現象である。戦争の本質が対立する二つの意志の衝突であることはすでに述べた。現実には、交戦するどちらの側も一つの知能に導かれた同質的な単一意志ではない。むしろ、それぞれの側がたくさんの部分から構成される複雑なシステムなのである。師団は連隊から編制され、連隊は大隊から編制され、等々が続き、ずっと下まで行くと海兵隊員個人で構成されている射撃チームがある。それぞれの要素は、一つの大きな全体の一部であり、共通の目的を達成するためには他の要素と協力しなければならない。同時に、それぞれが独自の任務を持ち、個別の状況に適応しなければならない。それぞれの要素が、摩擦、不確実性、無秩序に対して、それぞれのレベルで対処しなければならないし、味方であれ敵であれ、他のレベルに対して摩擦、不確実性、無秩序を作りだすかもしれない。

その結果、戦争はどこか一か所にいる一人の人間の行動や決断によって統制されているというのではなく、部分が局所《ローカル》的な条件や不完全な情報に反応しながら局所《ローカル》的に相互作用しているシステムの全部分の集合的行動から創発してくるのである。

軍事行動とは、ある一部分による決断を一枚岩的に実行しているのではなく、組織全体の中で関連し合いながら同時に起こっている個々の行動や決断を含んでいる。軍事作戦を完全に中央集権化して一人の意思決定者によって完全な統制を行おうとする努力は、本質的に複雑で分散的な戦争の性質とは相容れない。

人間的側面

戦争は対立する人間の意志の衝突なので、人間的側面は戦争における中心的な要素である。人間的側面があるからこそ、戦争に目に見えない道徳的要素が入ってくる。戦争は人間の本性によってかたちづくられ、人間行動の特徴である複雑性、首尾一貫性のなさ、奇妙な癖の影響を受けている。戦争は、和解できない不一致から生まれる暴力行為なので、必ず人の感情に火をつけ、感情によってかたちづくられる。

戦争は、道徳的かつ肉体的な強さと持久力《スタミナ》の極限的な試練である。戦闘をおこなう人たちに与える危険、恐怖、消耗、欠乏の影響を考慮しない、戦争の本質についての見解は、いかなるものでも正確とか完全とは言えないだろう[*7]。しかし、それらの影響は時と場合によって大きく異なる。一人ひとり、人間集団ごとに、戦争のストレスに対して異なる反応を示す。一人の敵の意志をくじく行為が、別の敵の決意を固めることもありうる。リーダーから教え込まれた人間の意志が、戦争におけるすべての行動の原動力である。

どのような技術的発展や科学的計算も、戦争における人間的側面を小さくすることはできない。したがって、戦争を武力、兵器、装備の比率に還元し、戦争遂行への人間意志の影響力を無視するドクトリンには、本質的な欠陥がある。

暴力と危険

戦争は人類が知る最大の恐怖の一つであり、けっして美化されるべきではない。戦争の手段である武力は、組織化された暴力という形で行使される。暴力の行使あるいは暴力の確かな脅威を通じて、敵をわれわれの意志に従うように強制する。暴力は戦争の本質的要素であり、その直接的な結果が流血、破壊、苦痛である。暴力の規模は戦争の目的や手段によって変わるが、戦争の暴力的本質はけっして変わることはない。[*8]この根本的な真実を無視するいかなる戦争研究も、誤解を招き不完全である。

戦争は暴力的な活動なので、いつも危険が伴う。戦争は人間的な現象であり、恐怖すなわち危険に対する反応は、戦争遂行に重大な影響をもたらす。誰だって恐怖を感じ、恐怖は意志を弱くする。リーダーは、恐怖を克服する勇気を一人ひとりに、かつ部隊の中にはぐくまなければならない。勇気は恐怖がないということではない。むしろ、勇気は恐怖を克服する力である。[*9]

リーダーは、恐怖を研究して理解し、それに対処する準備ができていなければならない。勇気と恐怖は、いつでもどこでも同じというよりは、状況しだいであり、時と状況によってそれらの体験はちがってくる。恐怖と同じように、勇気もさまざまな形を取り、合理的な計算から生まれる冷徹な勇気もあれば、高揚した感情から生まれる激しい勇気もある。砲火の下をくぐった体験が自信を高めることはよくあるが、戦闘の神秘性を減らすための実戦形式の訓練でもそれは可能である。部下からの尊敬と信頼を獲得するような強いリーダーシップは、恐怖の影響を抑制することができる。リーダーは、部隊の団結と隊員一人ひとりの精神や自信を育てなければならない。そのような環境においては、仲間の尊敬と信頼を裏切りたくないという海兵隊員の思いが、個人の恐怖の克服を可能にする。

物理的、道徳的、精神的な力

戦争を特徴づけるのは、物理的、道徳的、精神的な力の相互作用である。戦争の物理的特徴は、簡単に見られるし、理解できるし、測ることもできる。例えば、装備の性能、軍用品、確保した物理的目標、戦力比、物資と人員の損失、奪われた地域と奪った地域、捕虜や捕獲物資などである。道徳的特徴はそれらと比べると触れられるようなものではない（ここで使う「道徳的」という言葉は倫理に限定しているわけではない。もちろんそれも含んではいるが、触れるようなものではなく、心理的な力と関連している）[*10]。道徳的な力は理解するのが難しく、数値化は不可能である。国家的あるいは軍事的な覚悟、国家や個人の良心、感情、恐怖、勇気、士気、リーダーシップ、精神などの力は容易に測れるものではない。

戦争は重要な精神的、知的な要素も含んでいる。精神的な力は、戦場の複雑な状況を理解し、効果的な予測、計算、決定をおこなって、戦術や戦略を策定し、計画を立案する能力を提供する。

物質的要素はより簡単に数量化できるが、道徳的、精神的な力のほうが戦争の性質や結果により大きな影響を与える。[*11]しかしながら、このことは物質的要素の重要性を減ずることにはならない。戦争における物質的な力は、他の力に大きな影響を与えるからである。例えば、銃砲火の最大の効果は、物理的な破壊ではなく、その物理的破壊が敵の道徳的な強さに及ぼす効果である。

道徳的な力や精神的な力は、真正面から取り組むことが難しく、戦争の研究からはずしたくなるものである。しかし、これらの要素を無視する戦争のドクトリンや理論は、戦争の本質の大部分を無視することになる。

戦争の進化

戦争は時代を超越し、同時に変化し続けている。戦争の基本的な本質は不変だが、使用される手段や手法は絶えず進化している。変化は漸進的であることもあれば、飛躍的なこともある。戦争の飛躍的変化は、戦争の均衡を劇的にくつがえした螺旋状の溝をつけたライフル銃身、大量徴兵、鉄道などの発達の結果である。

変化の大きな促進要因は技術の進歩である。戦争のハードウェアが技術の発達によって良くなるにつれて、われわれの能力を最大化して敵に対抗するためにも、それらの向上した性能に戦術的、作戦的、戦略的な使い方を適応させなければならない。

戦争のどの側面で変化が起こりそうで、どの側面で起こりそうにないのか、を理解することが重要である。変化のプロセスで遅れを取らないようにしなければならない。戦争のアートとサイエンスの発達を最初に活用した側が、はるかに優位に立てるからである。戦争の相貌の変化に無知であれば、それが突きつける挑戦に自分たちが引けを取ってしまったことに気づかされる。

戦争のサイエンス、アート、ダイナミクス

戦争のさまざまな側面の大部分は、実証された自然法則を規則的に順序立てて応用するサイエンスの領域に含まれる。戦争のサイエンスには、弾道学や力学や類似の学問の法則に直接影響を受ける活動が含まれている。例えば、火器の応用、兵器の効果、移動や補給の頻度や手法などである。しかしながら、サイエンスで戦争という現象の全体を説明することはできない。

むしろ戦争遂行の大部分は、創造的スキルあるいは直観的スキルを用いるアートの領域である。アートには、判断と経験により科学的知識を状況に合わせて創造的に適用するこ

とが含まれるので、戦争のアートは戦争のサイエンスを包含している。戦争のアートには、一つの戦況のそれだけが持つ本質をつかむ直観力と実務的な解決策《ソリューション》を考え出す創造力が要求される。それには、戦略や戦術の概念化と状況に合った行動計画の立案が含まれる。これでも、まだ現象全体を述べたことにはならない。人間行動の気まぐれやその他の無数の見えない要素が戦争に影響するので、戦争遂行にはサイエンスやアートでは説明できないことが数多くある。アートとサイエンスは、戦争の基本的な原動力を説明しきれていないのである。

すでに述べたように、戦争は社会現象である。その本質的なダイナミクスは、アートとサイエンスのダイナミクスというより、人間の競争的相互作用のダイナミクスである。人間が相互作用するやり方は、科学者が化学物質や公式を使ったり、芸術家が絵の具や楽譜で仕事をしたりするやり方とは根本的に異なっている。この人間的相互作用のために、アートとサイエンスで説明できない不屈の精神、忍耐力、大胆さ、精神、その他の特性が戦争では非常に重要なのである。したがって、結論は以下のようになる。「戦争遂行は、根本的に人間の競争のダイナミック・プロセスであり、科学的知識と芸術的創造性の両方を必要とするが、最終的には人間の意志の力によって動かされるのである」。

結論

最初見ただけでは、戦争はシンプルな利害の衝突のように見える。より近くから精査すれば、その複雑性が現れ、人間の努力の中で最もきつくてつらいものだということが明確になってくる。戦争は人間の意志に対する究極の試練である。摩擦、不確実性、流動性、無秩序、そして危険がその本質的な特徴である。戦争は、確率で表現できるような大まかなパターンは示すが、基本的には予測不可能である。個々の出来事は、道徳的、精神的、物理的な無数の力によって生み出されたそれ以外にはない産物なのである。個々の原因とそれらの結果を分離できることはめったにない。小さな行動や偶発的な事件でも、それらに不釣合いなほど大きな、時には決定的な結果を生み出すことができる。戦争は、サイエンスの法則やアートの直観や創造性に依存しながらも、その根本的な特性は人間の相互作用のダイナミクスから生まれるのである。

第2章 戦争の理論

「政治的目的こそが最終目標であり、戦争はそこへ到達する手段であって、手段を目的から切り離して考えることはできない[*1]」

——カール・フォン・クラウゼヴィッツ

「不敗は守備にあり、勝利は攻撃にある。戦力足らざれば守備に入り、十分ならば攻撃せよ[*2]」

——孫子

「戦いの勝利は殺戮《さつりく》と機動によって得られる。偉大な将軍ほど、機動で貢献し、殺戮を求めない[*3]」

——ウィンストン・チャーチル

戦争の本質についての共通の見方に達したので、ここから進めて戦争の理論を展開する。戦争の理論は、次章の戦争の準備と戦い方についての基盤となる。

政策行為としての戦争

戦争は、政策と政治の延長で、軍事力を加えたものである。[*4] 政策と政治は関連しているが同義ではなく、両方の文脈で戦争を理解することが重要である。政治とは、協調と競争の両面をもつダイナミックな相互作用を通じた権力の分配である。政策とは、政治プロセスにおいて設定される意識的な目標である。政策の諸目的は、戦争に参加する諸集団のそれぞれの動機であり、戦争遂行を決める主要な諸要因となる。われわれの戦争理論を理解するための一番重要な考えは、戦争は政策に奉仕しなければならないということである。したがって、これらの目的に合わせて暴力の使用も変わらなければならない。もちろん、戦争目的を戦争の手段に合わせて変えることも必要になるかもしれない。これが意味するのは、自分たちの能力を超える目標を設定してはならない、ということである。多くの政治的問題を軍事的手段によって解決することはできないと認識することが重要である。解決できるものもあるかもしれないが、期待するほど多くはない。戦争は展開するにつれて独自の道をたどる傾向がある。戦争は無機質の道具でなく、意図せざる結果をもたらして政治的状況を変えるかもしれない生きた力であることを認識すべきである。

戦争が政治と政策の延長であるということは、戦争が政治的現象だけではないということである。社会的、文化的、心理的、あるいはその他の要素も含まれている。これらの要素は、戦争遂行だけでなく政治的問題を解決する戦争の有用性にも強い影響を与える可能性がある。

政策動機が敵国政府の破壊のように極端な場合は、軍事的戦争として当然の破壊志向がその政治目的と一致し、戦争の軍事的遂行にほとんど政治的な制約がかからなくなる。一方で、政策動機がより抑えられたものであれば、軍事的戦争の破壊志向はその動機とより合わなくなり、政治的配慮が武力行使を制限する可能性が高くなる。[*5] 軍事行動は政策に奉仕しなければならないので、これらの政治的制限はまったく正しい可能性もあることを指揮官は認識しなければならない。同時に、軍事行動にかけられた制限が任務達成能力を危うくする場合には、軍事的リーダーは政治的リーダーに忠告する責任がある。

われわれの意志を敵に押しつけるための武力行使には二つの方法がある。第一の方法は、敵の軍事的能力を物理的に破壊して、抵抗しようにもどうしようもできなくすることである。目的は敵の軍事力を、永久にあるいは一時的にでも、取り除くことである。これは、歴史的に「殲滅戦略」（strategy of annihilation）と呼ばれてきたが、必ずしもすべての軍事力を物理的に殲滅する必要はない。むしろ必要なのは、現実的な軍事的脅威としての敵の無力化であり、したがってそれは「無力化戦略」（strategy of incapacitation）と呼ぶこともできる。[*6] 制限のない政治的目的、例えば敵の指導者を打倒したいときには、この方法で力を行使する。より制限された政治的目的を追求するとき、もし敵が手段ある限り抵抗し続けるとわれわれが信じるならば、この戦略を使ってもよいだろう。

第二の方法は、われわれの条件を受け入れるほうが抵抗を続けるよりも痛みが少ないことを敵に納得させることである。これが「侵食戦略」（strategy of erosion）であり、軍事力を使って敵の指導者の意志を弱めるのである。[*7] この戦略では、抵抗のコストを敵が支払ってもよいレベルよりも高くするために軍事力を使う。敵の指導者が最終的には受け入れるだろうとわれわれが信じる制限された政治的目的を追求するために、この方法で力を行使するのである。

戦争の手段

最高レベルの戦争では、敵対する政治的集団が互いを攻撃するのに利用可能な、権力のあらゆる要素が行使される。例えば、経済的、外交的、軍事的、そして心理的な力である。それでも、われわれの主要な関心は「軍事力」の行使にあり、それに焦点を当てるが、国家権力の他の要素とは切り離して考えるべきではない。軍事力の行使は、交渉した休戦を実施する決意を見せつけるための単なる軍隊の展開配置から、高性能兵器による（核戦争やゲリラ戦争でない）一般的戦争までさまざまな形を取る。

紛争の連続相

紛争は、さまざまな形を取り、使われる暴力の大きさを反映する連続相《スペクトラム》を構成する。連続相《スペクトラム》の一方の極は、「戦争外軍事作戦」（ＭＯＯＴＷ：Military Operation Other Than War）

と呼ばれる活動で、軍事力の行使は制限され選択的であることが普通である。それには、戦争回避、紛争解決、平和促進、文民機関支援のためのさまざまな軍事的能力の使用が含まれる。他方の極は一般的戦争であり、大国間の地球規模の紛争のような大規模で長期的な戦闘作戦である。特定の紛争を連続相《スペクトラム》のどこに位置づけるかは、いくつかの要因で決まる。政策目的、利用可能な軍事的手段、国家の意思、そして戦場における戦力密集度や戦闘力などである。一般的に、密集度が高いほど紛争は激化する。どの紛争も同じ激しさが続くわけではない。その結果、ＭＯＯＴＷでも比較的激しい戦闘もあれば、大きな地域紛争や一般的戦争の中でも比較的静かな地域や時期もある。

　ＭＯＯＴＷと小規模の戦争は、大きな地域紛争や一般的戦争よりも起こる可能性が高い。連続相《スペクトラム》の上の方の極では、多くの政治的集団が戦争しようにも軍事的手段を持っていないことさえある。技術的にも数量的にも勝る敵と戦う場合は、敵がその優勢を全部使わないような戦い方を取ることが多い。実際に生存が脅かされない限り、政治的集団は一般的戦争のリスクを取りたがらないのが普通である。しかし、紛争の激しさは時とともに変わるかもしれない。もし最初の手段が期待した結果を達成できなければ、敵対する両側が暴力のレベルを上げてくることもある。同じように、戦争の激しさが時間とともに段階的に下がっていくことも実際にはありうる。例えば、最初の瞬発的な激しい暴力の後に、敵対する両側がその激しさの最初のレベルを持続できずに、より下の戦闘レベルで戦い続けるかもしれない。

海兵隊は、国の即応遠征軍として、紛争の連続相《スペクトラム》すべての強度の状況に対応するために多能性と柔軟性を持っていなければならない。これは見かけよりは大きな挑戦である。戦争以外の軍事作戦と小規模な戦争は、一般的戦争の単なるミニチュア版ではない。大規模な通常兵力と戦うことができる現代的軍隊も、軽装備のゲリラ勢力と「小規模な」戦争を戦うには準備不足かもしれない。

戦争のレベル

戦争の活動は、階層を構成し関連する三つのレベルで起こる。戦略的、作戦的、戦術的レベルである（2-1）。

最も高度なレベルが「戦略的」（strategic）レベルである。[8] この戦略レベルの活動は直接、政策目的に焦点を当てている。戦略は平和にも戦争にも使える。われわれは、政策目的を達成するために国家権力のすべての要素を調整し集中する「国家戦略」[9]と、政策目的を確実に達成するために軍事力を行使する「軍事戦略」[10]を区別する。このように、軍事戦略は国家戦略に従属する。軍事戦略は、戦争に勝って平和を確保するアートと考えることもできる。戦略には、目標設定、戦力配置、物資配給、戦争の脅威があるときの武力行使への条件付与が含まれる。政治的目的と政策的目的に由来する戦略がすべての作戦の信頼すべ

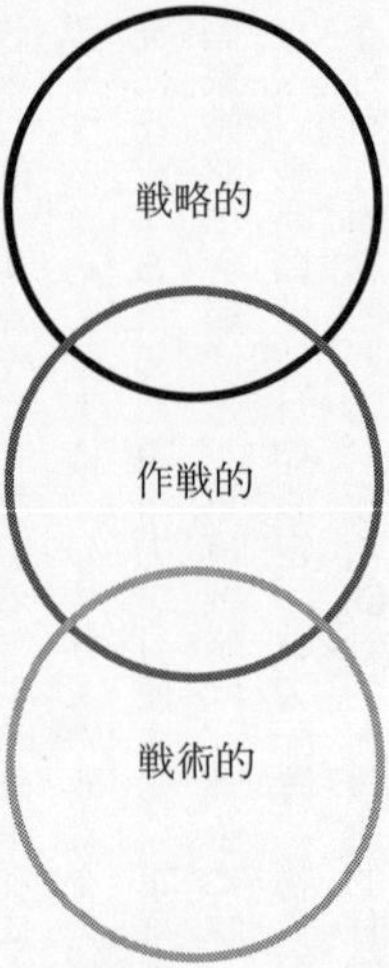

2－1 戦争のレベル

き根拠であることを、明確に理解する必要がある。

一番下のレベルは「戦術的」(tactical) レベルである。[*11] 戦術とは、戦闘や非戦闘の軍事作戦において特定の任務を達成するために使われる概念や手法である。戦争において、特定の時間と場所における戦闘で敵を破るための戦闘力行使に焦点を当てるのが戦術である。戦闘ではない状況では、他の特定任務、例えば平和維持活動での秩序強制や安全維持などの任務遂行の枠組みや方法を含んでいる。普通、戦術は戦闘の見地から考えるが、その文脈では戦術を武力衝突や戦闘に勝つためのアートとサイエンスだと考えることもできる。火力と機動の活用、異種兵器の統合、敵を破った成功例の即時の活用が含まれる。戦争の戦術レベルの範囲に含まれるのは、補給や整備のような後方支援機能の遂行である。戦術的レベルに含まれるのは、戦闘力の専門的活用であり、戦術的活動の中での個別の任務を達成するための手法や手順である。例えば、射撃要請、射撃手法、兵器と装備の操作運用、戦術的運動技法が含まれる。戦術と技法はある程度重複している。区別するためだけに言えば、戦術は判断と創造性が必要だが、技法・手順は一般的には反復的な決まりきった仕事である。

戦争の「作戦的」(operational) レベルは戦略レベルと戦術レベルを連結《リンク》する。それは、戦略的目的を達成するための戦術的結果の使用である。[*12] 作戦的レベルに含まれるのは、より高い意図を支援するために、いつ、どこで、どのような条件で敵と交戦し、いつ、どこで、どのような条件で戦闘を回避するかという意思決定である。このレベルでの活動は、戦術的レベルよりもより広い時間と空間を示唆している。戦略が戦争に勝つことに、戦術は戦闘と武力衝突に勝つことに取り組むのに対して、戦争の作戦レベルは会戦に勝つアートとサイエンスである。その手段は戦術の結果であり、その目的は設定した戦略目的である。

戦争のレベルの区別が明確に線引きされることは実際にはめったにない。ある程度までは、範囲と規模の問題にすぎない。一人の指揮官がより多くのレベルで責任を持つようなときは、いくらかの重複があるのが普通である。2-1で示されているように、重複は少しかもしれない。大きな陣形と複数の戦域を含む通常の大規模紛争ではそうであろう。そのような場合、戦略、作戦、戦術の領域はかなり区別されており、指揮官は自分たちの行動が大抵一つか二つのレベルに焦点を当てていることに気づく。しかし他の事例では、戦争のレベルは非常に圧縮されているので、2-2で示されるように、

2-2　圧縮された戦争のレベル

かなりの重複がある。特に核戦争や戦争以外の軍事作戦では、一人の指揮官が二つあるいは三つのレベルで同時に指揮することもありうる。核戦争では、戦争の方向に関する戦略的決断と兵器の使用に関する戦術的決断は本質的に一つであり同じである。戦争以外の軍事作戦では、例えば小さな部隊リーダーでさえ、「戦術的」行動が戦略的意味を持つことに気づく。

主導権と応酬

戦争におけるすべての行動は、レベルを問わず、「主導権」（initiative）を取るか、相手に「応酬」（response）して行動するかである。主導権を取ることにより、紛争の条件を我が方で決定し、敵にその条件での会敵を強制する。我が方の主導権によって敵の主導権がなくなるだけでも、積極的な目的の追求と言える。主導権を通して敵にわれわれの意志を押しつける。主導権は明らかに望ましい行動の形である。結局のところ、主導権を通じてのみ、敵に我が意志を押し付けることができるからである。紛争の少なくとも一方の当事者が主導権を取らざるをえない。なぜならば、そもそも他の当事者に意志を押し付けようという強い思いが誰かになければ、紛争は起こらない。紛争の第二の当事者は反応せざるをえない。なぜなら抵抗したいという強い思いがなければ、またも紛争は起こらない。我が方が主導権を取らなくても、敵が取れば、敵の企てに対抗するためにも、応酬せざるをえない。応酬は一般的に消極的、否定的な目的、すなわち敵の意図を阻止したり、反撃したりする目的を持っている。ボクシングのカウンターパンチのように、応酬は敵から主導権を奪い返そうとすることである。

戦争の流れは、主導権と応酬の連続的な相互作用の結果である。敵対する両方の側が同時に主導権を取ろうとする、例えば、遭遇戦のような紛争が想像できる。最初の衝突の後で、一方の側が上手を取り、他方の側が反応を余儀なくされる。少なくとも相手から主導権を奪い取ることができるまでは。戦争における行動は、程度の差はあれ、主導権を摑《つか》み取って維持するという不変の原則を反映している。

この議論は二つの対となる概念、「攻撃」と「防禦」に至る。攻撃は「打撃力」を提供する。普通、われわれは攻撃を主導権と結びつけて考える。主導権を摑み取って維持する最もわかりやすい方法は、最初に攻撃し、それを続けることである。他方、防禦は「抵抗力」すなわち自軍を維持して守る力を提供する。一般的に、防禦は敵の意志に抵抗するという消極的な目的を持っている。

防禦は、より少ないエネルギーを消費する傾向にあるので、より効率的な戦争の形であろう。それは、防禦が本質的に戦争のより強い形である、ということではない。攻撃と防禦の相対的な長所と短所は、状況に依存している。われわれは、防禦を敵が攻撃するまで待つことだと一般的に考えているので、防禦を主導権でなく応酬と結びつけることが多い。

これは必ずしも正しいとは言えない。われわれは防御を弱さから来るものだと仮定する必要はない。例えば、敵が我が方の防御の強い所を攻撃せざるをえないように仕向ければ、防御は我が方に主導権をもたらすかもしれない。そのような状況においては、敵を破壊するという積極的な目的を持っているだろう。同じように、敵を待ち伏せしている防御側は、もし敵が罠《わな》にはまってしまうことがあれば、主導権を握っていると言えるかもしれない。

攻撃と防御は、対抗する形ではあるが、互いに排他的ではない。実際に、両者は離れて存在することはできない。例えば、防御は純粋に受け身の抵抗であることは不可能である。効果的な防御は攻撃的な性格を持っていなければならない。敵の防御が最も弱いときを選んで攻撃するのである。クラウゼヴィッツが書いたように、防御は「単なる盾ではなく、高質の精錬鋼で作られた盾である[13]」。防御の真に決定的な要素は反撃である。このように、攻撃は防御の概念に不可欠な要素なのである。

同様に、防御は攻撃の重要な要素である。攻撃を無限に続けることはできない。いつかどこかで補給のために攻撃を止める必要があり、そこで自動的に防御に交代する。さらに、攻勢のためには兵力を集中しなければならないので、どこか別の場所では守勢に回ることが多い。したがって、必要上、攻撃の概念の一部に防御の考えを入れざるをえない。

ここで「頂点[14]」(culminating point) という概念に至る。この概念を欠くと、攻撃と防御の関係性の理解は不完全である。攻撃は無限に続けることができないだけでなく、進むにつれて弱くなっていく。士気や大胆のような精神的要因は攻撃の成功とともに強まるかもしれないが、抵抗に遭いながらの進撃を続けるのに伴う物質的損失を補うことはできない。進撃するときは、生命、燃料、弾薬、体力、時には精神力を費やすので、攻撃は時間とともに弱まっていくのである。敵の抵抗はもちろん戦力消耗の大きな要因である。結局は、頂点に達して、もはや攻撃を続けることはできないので、防御に回らざるをえなくなる。まさにこの時点で、攻撃の防御的要素が、防御の攻撃的要素すなわち反撃を最も受けやすくなる。

結論として、攻撃と防御の間には明確な境界は存在しない。われわれの戦争理論が無理にそれを押しつけるようなことをするべきではない。攻撃と防御は、それぞれに必要な構成要素として同時に存在し、一方から他方への移行は流動的であり連続的である。

主導権と応酬、攻撃と防御の関係は、戦争のさまざまなレベルで同時に存在する。例えば、大きな応酬の一部として局地的な主導権の機会を、限定的な反撃の中で摑むかもしれない。同様に、攻撃的作戦の目的を追求しながら防御の優位性を利用して、攻撃的作戦の一部として戦術的防御を使うこともある。

戦争のスタイル

戦争のスタイルは、消耗戦と機動戦を両極端とする連続相《スペクトラム》に位置づけて表現できる[*15]。消耗戦は、優勢な火力による敵の物資の破壊を積み上げながら勝利を追求する。消耗戦は、戦争遂行の直接的方法であり、戦争を単刀直入な強さのテスト、主に戦力比の問題だと見なす。敵は、交戦してシステマティックに破壊すべき標的の集合だと見なされる。敵の集中が最も価値のある目標として探索される。消耗戦の論理的結論は、敵のすべての軍備の最終的、物理的な破壊であるが、コスト負担の増大は望まないので、それが起こる前に敵の降伏あるいは撤退が期待される。火器の効率的な使用が重視され、高度に手続き化された戦争の方法につながる。特に武器使用における技術的錬度が、狡猾《こうかつ》さや創造性よりも重要である。

消耗戦は機動を重要な要素と認めているかもしれないが、その目的は単に自軍の火力を敵に対してより効率的に使うためだけである。消耗戦主義者たちは戦いの進行を戦闘被害評価、戦死者数、奪い取った地域で数量的に測る傾向がある。一般的には結果は努力に比例する。より大きな支出がより大きな結果を生む、そしてそれはより大きな消耗でもある。火力の量と正確さへの強い欲求は、ちょうど効率の重視が手続きや技法への内向きの重視に向かうように、中央集権的な管理に向かう傾向がある。成功は、消耗能力の全体的優位性、すなわち敵に損害を与える能力かつ自軍の消耗に耐えられる能力にかかっている。成功に最も必要なのは、数的・物的優位性である。国家レベルでは、戦争は軍事問題であるのと同じくらい産業問題でもある。歴史を見れば、数量的、技術的に優勢だと感じていた国や軍隊が消耗戦を採用する頻度が高かった。

純粋な消耗戦というのは実際には存在しない。しかし、高い消耗を含む戦争の事例は多くある。第一次世界大戦の西部戦線での両陣営の作戦、一九四〇年五月のドイツに対するフランスの防御的な戦術と作戦、一九四三～四四年のイタリアにおける連合軍の方面作戦、ノルマンディ上陸後の一九四四年のアイゼンハワーの戦線拡大による大攻勢、一九五〇年以降の朝鮮半島での米軍の作戦、ベトナム戦争におけるほとんどの米軍作戦などである。

連続相《スペクトラム》のもう一方の極の機動戦は、問題を回避し、真っ向勝負でなく地の利があるところから攻撃したいという欲求から発している。敵の軍備の各個撃破を追求するよりは、敵の「システム」を攻撃すること――すなわち敵をシステムとして機能させないことが目標なのである。敵の要素が無傷のままでも、まとまった全体の部分として機能しなくなる。敵の集中は、恰好《かっこう》の攻撃目標として見られることはなく、敵の強さとして避けるのが通常である。敵の強いところを攻撃するのではなく、「優位性」を最大化するために、敵の弱点を選んで自軍の強みを充《あ》てるのである。このやり方は、敵の弱点を識別して有効活用する能力を必要とする。成功は、手順や技法の効率的な実行にかかっているというよりは、敵システムの具体的特徴の理解にかかっている。機動は速さと奇襲に依存しており、どちらを欠いても自軍の強みを敵の弱点に集中することはできない。速さはそれ自体が武器であり、多くの場合、最も重要である。機動の成功は、消耗とは異なり、努力に比例しないことが多い。しかし、ちょうど同じ理由で、下手に使われた機動は壊滅的に失敗する可能性が大きい。消耗の場合は、損失の可能性はリスクにほぼ比例している。

火力と消耗は機動戦に必須の要因である。実際に、自軍の強みを敵の弱みに集中する決定的に重要な時点では、消耗が極端に達して敵部隊の全滅もあるかもしれない。それでも、そのような局地《ローカル》的な消耗は、敵の全戦力をまとめて徐々に弱体化させるのではなく、敵システムを無力化する重要な要素を排除することを目的とする。

消耗戦と同様に、機動戦も理論的に純粋な形では実在しない。機動戦と見なすに十分なほど内容が濃い事例としては、一九一八年パレスチナでのアレンビーによるトルコ軍相手の決戦、一九三八〜四一年ドイツの電撃戦の中でも最も有名な一九四〇年のフランスへの侵攻、一九四四年イタリア戦域で消耗戦を避けるために行われたが失敗に終わったアンツィオ上陸作戦、一九四四年末ノルマンディの上陸拠点からのパットンによる戦線突破、一九五〇年マッカーサーの仁川作戦、農村の平定によってベトコンの重要な民衆の支持基盤をなくすことでベトコンを攻撃した第三海兵水陸両用軍の共同戦闘プログラムがある。

すべての戦争は、機動と消耗の両方をミックスした形で含んでいる。どちらのスタイルが優勢かは、さまざまな要因に依存している。中でも、自軍の能力と敵の特性にである。今日の海兵隊ドクトリンは、第4章の「戦争の遂行」で見るように、主に機動戦に基づいている。

戦闘力

戦闘力とは、ある時点に敵にのしかかる破壊力すべてである。[16] 戦闘力の要因には、クラウゼヴィッツが「最もありふれた勝利の要因」[17]と呼んだ数的優位のように、目に見えるので容易に測れるものもある。機動の効果、速さ、奇襲、地形や天候がもたらす優位性、攻撃と防御の相対的な強み、敵の正面、両翼、あるいは背後を攻撃する相対的な利点など、測りにくい要素もある。さらに、士気、闘争心、粘り強さ、リーダーシップの効果など完全に無形なものもある。

戦闘力の諸要素すべてのリストや分類を作成したり、それらの相対的な価値を指標化したり、組み合わせやそれらの変形を記述したりすることは、われわれの意図するところではない。個々の組み合わせは、唯一でそのときだけのものである。そのようなやり方は、戦争を型にはめることになるので、できたとしても望ましくない。われわれの意図は、戦闘力が状況に依存しており、多様な物理的、道徳的、精神的要素が生み出した唯一のものである、ということを指摘したいだけである。

速さと焦点化

戦争において識別できるすべての一貫したパターンのなかで、戦闘力を生み出す普遍的に重要な二つの概念がある。「速さ」（speed）と「焦点化」（focus）である。

　速さとは行動の俊敏性である。これは時間と空間の両方に当てはまる。時間的速さはテンポであり、一貫して動作をすばやく行える能力である。[*18] 距離あるいは空間にわたる速さは、すばやく移動する能力である。どちらも戦闘力の本物の源泉である。言い換えれば、「速さは武器」なのである。戦争で重要なのは、絶対的な速さではなく、彼我《ひが》の相対的な速さである。速さの優位性が、主導権を握って行動の条件を左右することを可能にし、敵に反応を余儀なくさせる。速さは安全をもたらす。それは機動や奇襲の前提条件である。さらに速さは、決定的に重要な時と場に優勢な強みを集中するのに必要である。

　重要なのは相対的な速さなので、敵の速さを低下させつつ自軍の速さを高めるために、あらゆる方法を講じるべきである。しかし、経験が示すように、高速をいつまでも維持することはできない。その結果、速い、遅い、また速いというパターンが出てくる。敵対するそれぞれの軍は、自軍が有利なときに速さを出そうとするので、競合にあるリズムが生まれる。

　焦点化とは、時間と空間にある目標に向けて「効果」を集中することである。特定の時間と空間において優勢な戦闘力を生みだすことである。焦点化が、数的に劣勢な軍隊に決定的な局地的優勢をもたらすこともある。決定的に重要な場所と時間に焦点化したいのであれば、他の場所や時間での徹底した節約とリスクの受け入れが必要となる。不必要な努力に手段を投入したり、必要だが二次的な努力に過剰な手段を割いたりすることは、焦点化の原則に反し、真の目的に対して逆効果である。焦点化は、戦争遂行だけでなく戦争準備にも適用される。

戦争は流動的で、機会は瞬時に過ぎ去るので、焦点化は空間のみならず時間にも適用される。決定的な場所だけでなく決定的な瞬間にも効果を集中させなければならない。共通目的の達成に向けて協力し合うことで焦点化が可能になる。これは戦力のすべての要素に当てはまり、地上戦闘、航空、後方支援の要素間の調整が必要となる。

速さと焦点化を組み合わせると、行動に「パンチ」と「ショック効果」が加わる。したがって、可能な限り最大限の速さと焦点化の組み合わせで攻撃すべきである。

奇襲と大胆不敵

戦闘力を生みだすのに特に有効な二つの概念、「奇襲」（surprise）と「大胆不敵」（boldness）を追加する。

奇襲とは、敵の抵抗能力を低下させる予想外の出来事がもたらす、状況認識ができない状態を意味している。奇襲は、敵の備えが整っていない時や場所に、あるいは備えができていない方法で攻撃を加えることで実現する。敵に気づかせないことが重要なのではなく、気づくのが遅すぎて効果的に反応することができないようにすることが重要である。奇襲への欲求は、「多かれ少なかれ、どの作戦にも基本的にある。それなしでは決定的な場面での優勢はとても考えられないからである」[*19]。優勢に必要な前提条件ではあるが、奇襲は、その心理的効果によって、それ自体が戦闘力の本物の源泉でもある。奇襲は、手元にある物理的手段よりも、戦闘の結果にはるかに決定的な影響を与える。

奇襲によって得られる優位性は、敵に与えた状況認識の混乱の度合いと敵の適応回復能力に依存している。奇襲は、もし十分に厳しければ、ショックと一時的であれ反応できない全体的な能力喪失につながる。奇襲は、速さ、隠密性、曖昧《あいまい》さ、欺瞞に基づいている。それは多くの場合、敵に気づかれないことを期待しながら、より困難なこと、例えば迂回《うかい》攻撃をかけることを意味する。事実、これが機動の始まりであって、弱みをつくために、敵の強みを回避するのである。

奇襲の要素は決定的な重要性を持ってはいるが、達成は難しくて失敗しやすいことを認識する必要がある。優位は一時的なものであり、すばやく活用しなければならない。戦争の支配的特性である摩擦は常に奇襲の敵である。奇襲はいかなる状況でも望ましいが、それを達成できるかどうかは、われわれの努力だけでは決まらない。奇襲は、われわれが「する」ことではなく、それに対する敵の「反応」なのである。少なくとも、奇襲に対する敵の感受性すなわち予想と準備しだいである。奇襲を達成できる能力は、敵の予想を感知して活用する能力にかかっている。したがって、奇襲は決定的かもしれないが、余裕の勝利のためにそれだけに頼るにはリスクがある。

奇襲を達成するには、三つの基本的なやり方がある。第一は「欺瞞」を通してである。すなわち、われわれが実際にやろうとしていること以外のことをやろうとしていると敵に納得させて、自らの利益に反する行動に誘いこむのである。その意図は、敵に状況のはっきりした、しかしまちがった絵図を与えることにある。第二の方法は「曖昧さ」を通してである。すなわち、敵が予測不能になるように行動する。敵は予測が立てられないので、多数の可能性に備えなければならず、そのいずれにも十分な準備はできない。第三は「隠密性」を通してである。すなわち、さしせまった行動について敵がいかなる知識も得られないようにする。敵はわれわれの意図について、だまされているのでもなく、混乱しているのでもなく、まったく知らないのである。三つの方法のうち、欺瞞がほとんどの場合最も効果があるが、同時に最も達成するのが難しい。

「大胆不敵」は、奇襲とほぼ同じように戦闘力の源泉である。小さな結果より大きな結果を求めて、戦場にあって当然の不確実性をためらうことなく活用するという特性である。クラウゼヴィッツによれば、大胆不敵には「空間、時間、戦力などについてのできのよい計算以上に確かな力が与えられなければならない。なぜならば、大胆不敵は、優越した状況においてはいつでも敵の弱点を最大限に活用するからである。換言すれば、それは真に創造的な力なのである[*20]」。大胆不敵は、いかなる場合も臆病よりは勝っているが、必ずしも直接的な攻撃的行動と常に同じというわけではない。われわれが攻撃する前に敵に変更できない決意をさせてしまうような「神経質かつ計算された忍耐」もまた大胆不敵の一種である。大胆不敵は強い状況認識に基づいている。すなわち、状況を測って行動する。言い換えれば、大胆不敵は状況判断によって調整されなければならない。でなければ、それは無謀に近い。奇襲と大胆不敵とは密接なつながりがある。奇襲を達成するために必要で、よくあるリスクを厭《いと》わない意志は、大胆不敵を映し出している。同じように、大胆不敵は奇襲の達成に貢献する。状況を測った後で中途半端な策を採ることは、奇襲の効果を弱めてしまう。

重心と致命的弱点

優勢な戦闘力を生み出すだけでは十分ではない。いくつかの無関係な活動に分散したり、取るに足りない目的に集中したりした優勢な戦闘力を想像するのは簡単である。勝つためには、重大な目標に戦闘力を集中しなければならない。この点を考えるのに有益な二つの関連した概念がある。「重心」（centers of gravity）と「致命的弱点」（critical vulnerabilities）である。

敵対するいずれの陣営も単一の戦力ではなく、無数の物理的、道徳的、精神的な要素とそれらの関係性から構成されたシステムである。これらの要素の組み合わせが各陣営の固有の性格を決める。ある要素は他の要素よりも重要である。ある要素は陣営の戦力にわずかしか貢献しないので、それらが失われたとしても大したダメージにはならないかもしれないし、他の要素は戦力の必須の源泉かもしれない。

　われわれは自問する。「敵にとってどの要素が重要か？　敵がそれなしにいられないのはどれか？　どれを排除したら、敵はわれわれの意志に最も早く屈服するのか？」　これが重心である。[*21] 状況によっては、重心は決意や士気などの無形の特性かもしれない。機甲部隊や航空戦力などの能力かもしれない。地域特性、例えば防衛システム全体を支えている重要な地形かもしれない。複数のシステムの構成要素間の関係、例えば二つの兵器の協力、同盟の関係、あるいは二つの軍隊の合流点かもしれない。つまり、重心は強さの重要な源泉なのである。味方の重心であれば守りたいし、敵の重心であれば排除したい。

　敵の強みの源泉は攻撃したいが、敵の強みへの直接的攻撃はやりたくない。敵の相対的な弱点に我が戦力を集中させるほうが、明らかに成功の見込みは十分ある。われわれはさらに自問する。「敵はどこが弱いのか？」、これを戦場用語で言えば、敵の注意が集中する最も強い正面を避け、我が軍が来ることを敵が予測しておらず、最大の心理的ダメージを与えることができる側面あるいは背後を攻めるべきだ、ということである。さらに、最も脆弱となる瞬間に敵を攻撃すべきである。

　選んで攻めるかもしれない敵の弱点の中には、敵にとってより致命的なものがある。敵の破滅に貢献するものもあれば、微々たる戦果にしかつながらないものもある。したがって、それを突けば敵の抵抗能力に最も大きなダメージをもたらす弱点、すなわち「致命的弱点」に努力を集中すべきである。

比較的少数の重心すなわち致命的弱点に着目して、敵システムを理解するよう努力すべきである。そうすることで、努力を集中することができるからである。より絞り込むことで、より集中しやすくなる。しかし、大方の敵システムは、たった一つの重心に全体が依存していることはなく、そうだとしてもその重心はよく守られているはずである。より小さないくつかの重心、すなわち重要な弱点を同時に、あるいは望ましい効果を得るために順番に攻撃することが必要であろう。

重心と致命的弱点は、相互補完的な概念である。前者が、敵の強みの源泉を求める視点から、いかに敵システムを攻撃するか、という問題を見ているのに対し、後者は弱点を求める視点から見ている。致命的弱点は重心を攻撃するための通り道である。両者は、敵に最も影響を与えるやり方で行動を目標に合わせるという共通の潜在的な目的を持っている。

機会を創り活用する

この議論から当然ながら一つの考えが導き出される。機会を創り活用することの重要性である。指揮官は、あらゆる状況で想定外に対処しながら、最初の行動が生む条件によって作られる機会を活用する準備ができていなければならない。敵の致命的弱点を特定することは特に困難であり、指揮官は行動が決定的な機会を見つけ出すまでは、どのような弱点でも活用する以外の選択肢はないのかもしれない。敵対する意志が相互に作用し合い、どちら側にもさまざまな瞬時の機会を創り出す。そのような機会は、戦争では当然の霧と摩擦から生まれてくる。それらは、われわれ自身の行動や敵の失策、あるいは単なる偶然の結果かもしれない。機会を活用することによって、より多くの機会を創り出す。決定的な結果を生み出すのは、これらの機会を容赦なく活用する能力と意欲である。好機を活用する能力は、速さ、柔軟性、大胆不敵、主導権の関数である。

結論

これまで述べてきた戦争理論は、第4章の戦争の遂行の議論のための基盤となる。すべての戦争行動は政治的行動であり、戦争の遂行は政策目的を支援するためにおこなわれる。戦争は、戦争の全体的努力の戦略的方向から戦いにおける戦闘力の戦術的適用まで、いくつかのレベルで同時に起こる。最も高いレベルでは、戦争は政治的権力のすべての要素を使い、軍事力はその中の一つにすぎない。戦争行動は、すべてのレベルでの主導権と応酬の相互作用の結果であり、主導権を握って維持することを目的としているのである。すべての戦争は速さ、焦点化、奇襲、大胆不敵などの概念に基づいている。戦争の成功は、致命的弱点や重心へ努力を向けながら、過ぎ去る機会を認知して活用する能力にかかっている。これから論じるように、われわれの理論から導き出されるこの戦争ドクトリンは機動に基づいている。

第3章　戦争の準備

「重要なのは行動である。行動には三段階ある。思考から生まれる決断、実行の命令もしくは準備、そして実行そのものである。三段階はすべて意志によって統禦される。意志は性格に根ざし、行動する人の性格は知性より重要である。意志なき知性に価値はなく、知性なき決意は危険である」[*1]

——ハンス・フォン・ゼークト

「軍隊は熟練した歩兵や士気の高い砲兵だけでは不十分である。求められているのは、できるという自信を持つ熟練の「水の戦士」や「密林の戦士」である。それが、まさしく海兵隊の訓練を受けた海兵隊員である」[*2]

——アール・H・エリス

軍にとって、平時における最重要課題は、戦争に備えることである。準備によって、予想される侵略者を抑止できる。国家の即応遠征部隊として、アメリカ海兵隊は「いつでも、どこでも」、そしていかなる紛争にも即応する準備を整えていなければならない。平時の活動はすべて戦闘の即応性を獲得することに集中すべきである。これは、高度な訓練、組織と装備の柔軟性、すぐれたリーダーシップ、そして一貫したドクトリンを示唆している。

戦力計画立案

「戦力計画立案」とは軍事能力の創造と維持に関する計画の立案である。[*3] 計画立案は戦争の準備にも遂行にも重要な役割を果たす。どの計画でも鍵となるのは、明確に定義された目的であり、この場合は必要な即応性のレベルである。

海兵隊の戦力計画立案は概念《コンセプト》ベースでおこなわれる。すなわち、すべての計画立案は、海兵隊が特定の主要機能をいかに遂行するかに関する共通の概念群に由来している。これらの概念は、海兵隊に要請される可能性のある任務について、また任務をいかに達成するかについて説明している。これらの概念は、必要とされる能力を特定し、これらの能力を開発する共同プログラムを実行するときの基盤となる。

この共通概念群に基づいて、海兵隊の訓練、教育、ドクトリン、組織、人事管理、装備調達などの平時の活動すべてを統合するのが、戦力計画立案である。活動の統一性は、戦争の準備においても戦争の実行においてと同じように重要である。目的を特定し、それらを実現するためのシステマティックなプロセスは、戦争準備のすべての分野とレベルにも当てはまる。

組　織

作戦部隊は、いかなる環境下でも遠征作戦が実行できる前方展開兵力または即時展開兵力を提供する組織的能力を持っていなければならない。これは、作戦部隊が水陸両用という独自能力を維持するだけでなく、状況に合ういかなる手段によっても戦力展開できる能力を維持しなければならない、ということである。

実動作戦部隊は、大方のタイプの危機や紛争に即時対応できなければならない。長期的な任務には、多くの場合、予備役からの増強も必要となる。

海兵隊の戦力は、作戦と訓練のために海兵空陸任務部隊（Marine Air-Ground Task Forces、通称ＭＡＧＴＦ《マグタフ》）に組織編成される。ＭＡＧＴＦは、陸上、航空、後方支援、指揮の要素で構成される任務組織である。標準的な構造は持たず、むしろ特定の状況に合わせて編成される。ＭＡＧＴＦでは、一人の指揮官の下に、直面する状況に合う兵力が与えられる。状況が変わるのに合わせて、もちろんＭＡＧＴＦも再編される。

作戦部隊は、戦闘行為のために組織化されるべきであり、平時には平時に適応させることはあっても、その逆であってはならない。組織編制図は、二つの中核となる要件、「展開可能性」と「特定の状況に応じた任務編成の能力」を反映していなければならない。部隊は、そのタイプに合わせて、訓練、管理、兵站などの必要の範囲内で組織化されるべきである。

指揮官は、支援を受ける部隊と支援を与える部隊の間に習慣的な関係を築き、作戦を熟知するようにしなければならない。ただし、状況が求めれば、非標準的な関係を排除するものではない。

ドクトリン

ドクトリンは、戦争の本質と理論から準備と遂行までの海兵隊の根本的な信念を教えるものである。[*4] ドクトリンは、戦争についてと戦争の戦い方についての特有な考え方を確立する。さらに、戦闘において海兵隊員をリードするための哲学、専門的職業意識《プロフェッショナリズム》の使命、そして共通言語を提供する。つまり、われわれの専門的職業の実践方法を確立するのである。このように、ドクトリンは協調行動と相互理解のための基盤を提供する。

海兵隊のドクトリンは、海兵隊総司令官によって公認され、本書（『ウォーファイティング』）において確定される。われわれのドクトリンは、特定の状況に適用すべき手順から構成されているのではなく、むしろ適用において判断が必要な一般的な指針を示している。したがって、権威あるものではあるが、指図するようなものではない。

専門的職業意識

海兵隊ドクトリンは、リーダーにプロフェッショナルとしての能力を要求する。「国家防衛を託されている軍事専門家として、海兵隊のリーダーは戦争遂行の真の達人でなければならない」。彼らは、行動の人であると同時に知性の人でなければならない。「やり遂げる」スキルを持っていると同時に、戦争のアートについて精通している必要がある。毅然と主体的な意思決定ができ、さらに実行に当たっては精力的で不撓不屈《ふとうふくつ》でなければならない。[*5]

軍人という職業は考える専門的職業《プロフェッション》である。すべての海兵隊員は、戦争のアートとサイエンスを学ぶ探究者でなければならない。とりわけ将校は、軍事理論の強固な基盤、軍事史の知識、そこから得た時代を超えた教訓を持っていることが期待される。

リーダーは、その重い責任のある職務への強い責任感を持っていなければならない。戦争で消耗していく資源は、人間の命なのである。

海兵隊の戦争スタイルは、知的なリーダーの大胆不敵へのこだわりと、下は最下層の一兵卒まで全員の自発性を必要とする。大胆不敵はリーダーに不可欠な精神的特性であり、手元にある物理的手段以上の戦闘力を生み出す。自発性、すなわち自らの判断で進んで行動することは、大胆不敵の前提条件である。これらの特性は行き過ぎると軽率さにつながるが、若い将校の過剰な大胆不敵によるまちがいは、学習の必要な一部であることを理解しなければならない。[*6] このようなまちがいは寛容に扱う必要があり、「完全無欠」主義はあってはならない。それをなくすということは、大胆不敵や自発性を罰則の脅しで抑止しない、ということである。それは、指揮官は部下のまちがいに助言しない、ということではない。建設的な批判は学習の重要な要素である。また、部下の愚かな行動や軽率な行動を好き勝手にさせることでもない。

　大胆不敵と自発性は抑圧してはならない。そうではなく、まちがいにもかかわらず、両方の特性を奨励し続けなければならない。一方で、不作為や臆病によるまちがいには厳しく対処すべきである。指示がなかったことを不作為の正当化の理由として認めることはない。状況に応じて自発的に行動することは海兵隊員の責務だからである。責任や必要なリスクの回避を容認してはならない。

　したがって、信頼はリーダーにとって非常に重要な特性である。上官の部下の能力への信頼や、部下の上官の能力や支援への信頼である。信頼は勝ち取るべきであり、信頼を損なう行動は厳しく非難されるべきである。信頼は自信と熟知から生まれる。戦友どうしの信頼は専門的技能を実際に示すことから始まる。熟知は共有体験と共通のプロフェッショナル哲学の結果である。

　伍長から大将までのリーダー間の関係は、階級を気にすることなく、正直と率直に基づいていなければならない。指揮官が決断して明言するまでは、たとえ上官と意見が合わなくても、部下は率直な専門的意見を言うことを自分の責務と見なすべきである。しかし、いったん決断が下された後は、部下は我が決断のようにそれを支持しなければならない。

上官は部下の率直さを奨励し、階級章の権威を振りかざしてはならない。自分の昇進のための即座の追従、すなわち「イエスマン」の行動は容認されない。

訓　練

すべての訓練の目的は、戦闘で勝てる兵力を育成することである。訓練は戦闘効果の鍵であり、したがって平時における主要活動である。しかしながら、訓練は戦争の開始とともに止めるべきではなく、戦闘の教訓に適応できるように戦争中も継続しなければならない。

すべての士官も下士官も同じ初期訓練を体験する。それは、実質的に社会化のプロセスである。この訓練は、すべての海兵隊員に、共通体験、誇り高き伝統、価値観、そして仲間意識の絆をもたらす。それは、海兵を育成するための重要な第一歩である。

個人の基礎的技能は戦闘効果の重要な基盤であり、重視されるべきである。海兵隊員は全員、職種の専門性にかかわらず、基礎的な戦闘技能の訓練を受ける。同時に、部隊技能もきわめて重要である。部隊技能は個人技能の単なる集積ではない。個人技能が十分であるからといって、部隊技能が自動的に満たされるとはかぎらない。

各階層の指揮官は、部下に対して、各レベルに必要な技能《スキル》に習熟する訓練のための時間と自由を、十分与える必要がある。指揮官は、上層部からの要請が部下の自主的な部隊訓練の機会を奪うことがないようにしなければならない。

若手リーダーの自発性を養うために、訓練の実施は、実戦同様、分権化しなければならない。上級指揮官は、訓練の目標や標準を設定し、訓練の意図を伝え、訓練の主目的を設定する。原則として、指揮官は訓練の方法について指示することは控えるべきである。

訓練プログラムは、個人や小隊の技能から始まって、最終的には全兵科連合ＭＡＧＴＦまでを対象とするが、実践的、挑戦的、累進的な目標を反映していなければならない。一般的には、戦闘組織は訓練組織でなければならない。すなわち、単位部隊は、ＭＡＧＴＦを含めて、戦闘で必要となる任命部隊、増強部隊、支援部隊を総動員した上で訓練を行うべきである。

集合訓練には教練《ドリル》と模擬演習《エクササイズ》がある。教練は、課題の累進的な反復による熟練を強調した小単位の訓練形態である。教練は、速さと協調を確保するために何度くり返しても変わらないことが要求される、標準化された技法や手順を育成する効果的な方法である。例としては、射撃教練や飛行前の点検準備、緊急行動がある。それとは対照的に、演習は模擬的な戦闘環境で戦術について部隊や個人を訓練するように設計されている。演習は、可能なかぎり実戦に近いものにすべきである。すなわち、不確実性、ストレス、混乱、敵対する意志などの「摩擦」を採り入れるべきである。この最後の特徴が最も重要である。戦争のアートは、敵対しながら自由に動き回る演習においてのみ訓練できるからである。あらかじめ準備され、あれこれ指図するシナリオは、自主的な意志が敵対するという戦争の本質を消し去ってしまう。

批評は訓練の重要な部分である。批判的な自己分析は、たとえ成功の後でも、上達に欠かせない。その目的は訓練から教訓を引きだすことである。したがって批評は、訓練終了後ただちに、出来事の記憶がうすれる前に行わなければならない。批評は、全員が貢献できるように、オープンで率直な対話の雰囲気の中で行うべきである。うまくいったことから学ぶのと同じくらい誤りから学ぶことも多いので、誤りを積極的に認めて、それらについて議論しなければならない。もちろん、部下が誤りを進んで認めようとする意欲は、指揮官が誤りに寛容かどうかに左右される。戦場でまったく同じ状況が起こるはずがないことはわかっているので、批評では行動について注目するというよりは、その行動を取った理由やその行動がもたらした結果に注目すべきである。

専門的軍事教育

専門的軍事教育は、考える創造的なリーダーを育成するために設計されている。リーダーシップ訓練の初期段階から、リーダーのキャリアは連続的、累進的な発達過程と見なされるべきである。各段階において、海兵隊員はその次の段階のために準備しなければならない。

リーダーのキャリアの初期段階は、実際は見習い期間である。キャリアを通して役に立つ理論や概念の基礎を学びながら、リーダーは何が必要なのかを理解することと、特定分野の手続きや技法を学んで応用することに集中すべきである。この段階で、飛行士、歩兵、砲兵、あるいは兵站としての仕事を学ぶのである。リーダーは、進歩するにつれて、それぞれの職務に精通し、分野における技法や手順の相互関係を理解するよう努めなければならない。この段階での目的は、戦争の戦術レベルの達人《エキスパート》になることである。

将校は、成長するにつれて、より広範囲の兵科に精通しながら、さらに戦争の作戦レベルまで拡げなければならない。この段階で将校は、戦術や技法の達人にとどまらず、さらに連合部隊、水陸両用戦、そして遠征作戦も理解しておくべきである。上級将校レベルでは、共同の多国籍の環境においてＭＡＧＴＦの戦闘能力を明確に表現し、応用し、統合する能力を十分に発揮できなければならず、すべてのレベルにおいて戦争のアートの達人でなければならない。

海兵隊の専門的軍事教育の実施の責任は、三層構造になっている。教育機関だけではなく、指揮官も隊員一人ひとりも責任を負う。

教育体制を構成している学校は、海兵隊、隷下司令部、あるいは外部機関によって運営されており、戦争のアートとサイエンスの正規教育を提供するために設立された。すべての専門学校、とくに将校学校は、暗記学習による知識の授与ではなく、軍事的判断力の才能の育成に集中することになっている。このような教育体制による学習は、完全なキャリア準備を一個人に提供できるわけでもなく、すべての個人に提供できるわけでもない。むしろ、それまでに指揮官と個人学習によって積み上げてきた基盤の上に築かれるものである。

すべての指揮官は、部下の専門能力の育成を指揮の主要任務と見なすべきである。指揮官は、部下との間に人間的な師弟関係をはぐくむべきである。指揮官は、部下に専門的軍事教育の継続プログラムを行うことが期待されており、軍事的判断と意思決定の能力を伸ばしたり、代表的な専門教育や特定の専門職に限った特殊な技術科目を教えたりするのである。広範な専門性開発の有用な手段としては、指導付き読書プログラム、図上演習、戦争ゲーム、戦闘学習、地形学習などがある。指揮官は、部下の発達を自分が直接反映している姿として見るべきである。

最後に、海兵隊員一人ひとりに武器の専門職を学ぶ個人的責任がある。職業軍人の知性の内容である戦史や軍事理論に関心もなく知識も持っていない将校は、見かけだけのリーダーである。戦争のアートとサイエンスにおける独学は、体調の維持と同じくらい重要であり、どちらにも同じくらいの時間を割くべきである。これは、特に将校に当てはまる。結局は、精神が将校にとって主たる武器なのである。

人事管理

戦争はつまるところ人間の活動なので、効果的な人事管理が成功にとって重要である。これは、特に個人の判断と行動を重視する機動戦ドクトリンに当てはまる。われわれが認識すべきは、階級と専門職種を持っている海兵隊員全員が、他の人に代えがたい存在であり、特定の能力や気質に応じて配置しなければならない、ということである。司令部への配属に最適なのは誰か、スタッフとして誰が最適か、などを認識することも含まれる。ただし、そのように認識することで、どちらかを不利にすることがないように。

人事管理システムは、部隊やスタッフの人事で、団結とチームワーク、さらに暗黙の理解をはぐくむ手段として、人事の安定性の確保に努めるべきである。戦争における死傷者が人事の安定性を損ねることはわかっているが、当初から部隊の安定性が高ければ高いほど、死傷者による損失をより吸収し、補充兵の組み入れもうまくいくのである。

最後に、昇進や昇級の方針は、責任を進んで引き受ける意欲と自発性の発揮に報いるようにするものである。

装備調達

装備は、操作と整備がしやすく、信頼でき、他の装備と相互運用可能でなければならない。専門操作員の訓練は最小限であることが求められる。さらに兵器の設計は、確立されたドクトリンや戦術と一致していなければならない。第一に考えるべきは、戦略的・戦術的な輸送についてである。海兵隊は、戦略的機動は船舶輸送に頼り、艦上から海岸までと海岸での活動のための戦術的機動は上陸用舟艇、ヘリコプター、垂直・短距離離・離陸・着陸航空機に頼っている。もう一つ考えるべき重要なことは、海兵隊の部隊が頻繁に活動する、限られたインフラしかない発展途上の戦域で装備が使用できるのかという問題と、そこでのインフラが装備を支援できるのかという問題である。

研究開発コストや配備の時間を最小限にとどめるために、海兵隊は既存の「汎用」技術を可能なかぎり活用する。

装備調達は、確立された作戦概念と機能概念の間の相互補完的な双方向プロセスでなければならない。特に長期的には、そのプロセスは戦闘が要求する要件を特定し、要件を満たす装備を開発する必要がある。可能であれば、敵の持っていそうな弱点の分析に基づいてこれらの要件を明らかにし、これらの弱点を突く装備を開発すべきである。同時にこのプロセスでは、明らかな有用性を持つ既存の装備を見落としてはならない。

装備は戦闘効果を高めてくれる場合に限り有用である。どのような装備も支援を必要とする。例えば、操作員訓練、整備、動力源・燃料、輸送などである。これらの支援の要件を正当化するのは、予想される装備能力の強化でなければならないし、装備の使用に当たってはこれらの要件を考慮しなければならない。

装備調達の活動は、特定場面で使うための特殊化の必要とさまざまな環境で使うための幅広い有用性の必要とのバランスを取る必要がある。装備能力の向上は、通常はますます特殊な装備を必要とする。しかし、ますます特殊な装備は、反撃策に対して脆弱になる傾向がある。この問題の解決策の一つは、単一群の類似装備を開発するのではなく、兵器のタイプの多様性を維持することである。

　装備の使用技法・手順は、装備を現場に出してから作戦軍が実際に使えるようになるまでの時間の遅延を最小限に抑えるために、できるだけ装備と同時に開発すべきである。同じ理由で、最初の操作員訓練は装備の現場導入の前に行われるべきである。

　装備に関しては二つの危険がある。すなわち、技術への過剰依存と技術の能力を最大限に活用できない失敗である。技術は、人間が戦争を戦う能力を向上させることによって、戦争の方法や手段を強化できるが、戦争を戦う過程から人間を排除することはできないし、すべきではない。より良い装置がすべての病気を治すわけではない。戦闘上の不備には、ドクトリンや戦術のレベルの解決策も求めるべきである。技術の進歩によってえた優位性は、一時的なものにすぎない。誰かが必ず技術の衝撃を減じる戦術的対策あるいは技術的対策を見つけるからである。さらに、操作できなくなるとわれわれが効果的に機能しなくなるような装備には依存すべきではない。最後に、技術の使用においては規律の行使が必要である。先端通信技術は特に、部下に対して細かい所まで積極的に統制し続けたいという気にさせるが、これは海兵隊の指揮統制哲学と相容れないものである。

結　論

軍事機能には、戦争遂行と戦争準備の二つの基本的機能がある。現在の戦争遂行に貢献しない軍事行動は、将来の戦争への備えに貢献する場合にのみ正当化できる。明らかに、戦争遂行と戦争準備を分けるわけにはいかない。それらは、密接に関連していなければならない。戦争準備の失敗は戦場での惨事につながるからである。

第4章 戦争の遂行

「軍隊は水になぞらえられよう。水が高きを避け、低きへ流れるように、軍隊もまた敵の強みを避け、弱みを攻める」[*1]

――孫子

「速さが戦争の本質である。敵の不備につけ込み、敵が予想もしない道を通って、警戒していない場所を攻める」[*2]

――孫子

「何年も前、士官になることを夢見ていた候補生のとき、私は古い野戦業務規定に列挙されていた「戦争の原理原則」を夢中になって読んでいた。そこに上級曹長がやってきて、私を優しく見つめ、「若いの、そんな内容で頭を悩ませるんじゃないよ」と楽しそうに言った。「戦いの原則はたった一つ、これだ。できるだけすばやく、強く相手をぶん殴《なぐ》れ。それも相手がいちばん痛がるところを、相手が見ていないときにだ！[*3]」」

――ウィリアム・スリム卿

アメリカ海兵隊の存在を唯一正当化するのは、平和的手段だけでは不可能なときに、軍事力によって国家の政策目的を請け合い守ることである。海兵隊がいかにこの使命を果たすかの方法提案は、われわれの戦争の本質と理論の理解から生まれるものであり、戦争準備の背景にある誘導力でなければならない。

挑戦

われわれにとっての挑戦は、戦争の本質や理論を現代の戦場の現実と一致させるウォーファイティングの概念を生み出すことである。正確には何が必要なのか？ それは不確実で混沌とした流動的な環境において軍隊が効果的に機能するのを助ける概念である。その概念を使えば、これらの環境条件を活用できるようになり、われわれが有利になるのである。

必要なのは、それにより時間との競争である戦争のリズムを感じて利用し、よりすぐれたテンポを生み出し活用するための概念である。紛争の連続相《スペクトラム》の端から端まで全体にわたって一貫して有効な概念である。なぜならば、状況が変わるごとに基本ドクトリンを変更しようとしたり、すべての状況にうまく対応しようとしたりすることは不可能だからである。

必要なのは、戦争で当然起こる、素早く過ぎ去る機会を認識して利用できるような概念であり、戦争の物理的な力だけでなく、戦争の道徳的・精神的な力をも考慮に入れた概念である。なぜならば、すでに結論づけたように、これらが戦争の大部分を形づくるからである。

必要なのは、それにより数的に優勢な敵に対しても成功できる概念である。なぜならば、われわれは限られた地域であれ地域全体であれ、数的優位を想定することはできないからである。とりわけ軍事行動に対する公衆の支援がほとんどなく、あったとしても長続きしない遠征の状況では、大規模な敵に彼らの領土内で短期間に勝ち、しかも外部支援も限られた中で死傷者を最小限にとどめることのできる概念を必要としているのである。

機動戦

このような状況下で勝つための海兵隊の概念がウォーファイティング・ドクトリンであり、その基礎にあるのが、迅速で、柔軟で、機に乗ずる機動である。機動の意味するところを完全に理解するためには、この用語をはっきりと説明する必要がある。機動の伝統的な理解は、空間的なものであった。すなわち、機動するのは空間の中で位置的優位を取るためである。[*4] しかし、機動の有用性を最大限に活かすには、他の面からも考える必要がある。機動の本質とは、目的をできるだけ効果的に達成する手段として、敵に対し何らかの優位性を創り出し、それを活用するために行動を起こすことである。その優位性は、空間的だけでなく、心理的、技術的、あるいは時間的なものでもある。とくに重要なのは、「時間的な」機動であり、時間的優位を得るために敵よりも早く作戦のテンポを創り出すのである。機動のすべての側面が揃うと、劣勢の軍隊でも必要な時と場所で決定的優位を獲得できるのである。

機動戦は、迅速で、集中的な、思いがけない多様な行動により、敵が対処できないほど急激に悪化する混乱状況を創り出し、敵の結束を打ち破ろうとするウォーファイティングの哲学である。

機動戦は、敵の防禦を徐々に破壊するのでなく、それを避けて敵の中に侵入し、敵のシステムをばらばらにする。目的は、敵の道徳的・精神的・物理的な団結——全体として協調しながら効果的に戦う能力——を粉砕し、抵抗できなくすることであり、よりコストと時間をかけて徐々に敵の部分を一つずつ減らし、物理的に破壊することではない。理想的には、敵の強みである部分はどうでもよくなる。なぜなら、それらを効果的に使う敵の能力はすでに破壊しているからである。たとえ裏をかかれた敵の一人ひとりや小集団が戦い続けても、戦力として効果的に戦う敵の能力をすでに除去してしまっているので、それらの残存勢力を比較的容易に破壊することができる。

これは、火力が重要でないという意味ではない。それどころか、火力は機動戦の中核である。また、敵を物理的に破壊する機会を意図的に見逃すことでもない。機会が訪れ、それがより大きな目的に合っていれば、火力と戦力を集中する。戦闘中でも、敵軍の破壊を攻撃的に追い求めれば、失敗することはめったにない。実際の機動戦では、戦闘力を焦点化し致命的弱点を狙うと、極めて高い損耗率が見られることが多い。それでも、そのような消耗が目指すのは、単に敵の物理的な力を徐々に減らすだけではない。むしろ、敵システムの崩壊に貢献することなのである。火力の最大の効果は、一般的には物理的破壊ではなく、それが引き起こす崩壊であり、崩壊の累積的な効果はゆっくりとしか感じることができない。

機動戦の目的が、敵システムの結束を粉砕することにあるならば、目標に向けての差し迫った目的は、敵が機能できない状況を創り出すことである。われわれの行動により、敵が追いつけないほど速くて思いがけない出来事が起き、どうすればよいかわからない威嚇的な状況を敵に押しつけるのである。敵に、状況が悪化している、それも急激に悪化し続けている、と思わせなければならない。究極の目標は、パニックと麻痺であり、敵に抵抗する能力を失わせることにある。

機動戦に特徴的なのが、主導権を握り、行動条件を我が方で決めて、敵の態勢を絶えず不安定にしておくことで摩擦を増加させる速さの必要性である。敵がついてこられないほどの速さを確立し、行為のたびに敵の反応がますます遅れて、ついには敵が出来事に圧倒されるように仕向けるのである。

さらに機動戦に特徴的なのが、効果を最大化するために努力を焦点化する必要性である。戦闘における集中には暴力とショック効果が含まれているが、それらはこの場合もやはり物理的消耗の源泉というよりは、崩壊の源泉なのである。敵の致命的弱点に強みを集中し、敵の戦闘能力に最大限の損害をもたらす場所、時間、方法で迅速かつ大胆に攻撃する。ひとたび優位を獲得したり、発見したりしたら、躊躇しないで容赦なく利用し続けなければならない。機会も容赦なくとらえなければならない。積極的に弱点の徴候を探し求めて、利用可能な戦闘力をそれに向けるのである。決定的な機会が来たときは、それを積極的かつ十分に活用しなければならない。集められる戦闘力をすべてそれに充てて、われわれ自身を疲労の限界まで追い込むのである。

武器庫の中の重要な武器は「奇襲」であり、それが戦闘に対して持つ価値をわれわれはすでに知っている。敵を研究することで敵の認識を理解しようとしたり、欺瞞行動を通じて敵の予想を形成しようとしたりする。その予想を利用して、敵が予想していない時間に予想していない場所を攻撃するのである。敵にわれわれを予想不可能に見せるには、規則的な行動や型にはまった行動を避けなければならない。それらは想像力や自発的《イニシアティブ》行動を抑制する。敵にわれわれをわかりにくく脅威に見せるには、多くの行動経路が取れるように複数軸の上で作戦行動すべきであり、われわれがどの経路を取るかを敵に曖昧にしておくのである。

すべての戦争が要求する忍耐や勇気のような特性に加えて、機動戦は特定の技能や人間特性を重視する。必要なのは、不確実性に対処できる気質であり、流動的で無秩序な状況に対応できる心の柔軟性であり、ある種の独立心、自発的かつ大胆に行動しようとする意欲、あらゆる機会を最大限に活用する機を見るに敏な精神、そしてこの種の行動に対して責任を引き受ける道徳的な勇気である。重要なのは、最後の四つの特性が、自制心と上官が示した目的への忠誠心によって導かれていなければならない、ということである。最後に、機動戦が必要とするのは、自分の階級レベルを超えて思考する能力と、そうすることでより大きな状況が求めることに合わせながら自分の階級レベルで行動する能力である。

敵情判断

敵を知ることが機動戦の基本である。機動戦は敵システムを攻撃する。敵システムとは、特定の領域内でわれわれと対峙するものを構成するすべてである。パイロットにとっては、防空レーダー、地対空ミサイル、目標に達するために突破しなければならない敵機の組み合わせかもしれない。ライフル中隊長にとっては、隣接する特徴的な地形の上にあり、障害物で守られ、複数兵で操作する武器で援護され、相互に支援し合う防御陣地群かもしれない。電子戦の専門家にとっては、敵の指揮命令ネットワークだろう。海兵遠征部隊の指揮官にとっては、作戦地域におけるすべての主要な戦闘隊形や支援を行う指揮統制、兵站、諜報の組織かもしれない。

敵システムを機能させている独自の特徴を理解するように努めなければならない。そうすることで、システムに侵入できるし、それをばらばらにもできるし、必要であれば孤立した部分的要素を破壊することもできる。それが失われると敵が効果的に機能しない、致命的な弱点と重心を確認して攻撃するように努めなければならない。これが意味するのは、内向きで事前に決められた手続きを機械的に遂行するより、外向きに敵の独自の特徴を焦点化するということである。

例えば、敵システムが防禦工事を施され要塞化していれば、その突破は侵入、すなわち狭い正面間口の弱点を激しく攻撃して防禦を物理的に切り裂くことを意味し、その後に陣地の横に回りこんで、システム内部から全陣地を一網打尽にすることが可能になる。この方法で、各陣地を正面から圧倒するのではなく、敵システムの論理を打ち負かすのである。敵の思考プロセスに入り込み、敵が自分自身を見るように敵を見る努力をすべきである。そうすることで敵を敗北に落とし入れることが可能になる。敵の立場で敵を理解することが重要である。どの敵もわれわれと同じように考え、同じように戦い、あるいは同じ価値や目的を持っていると決めてかかるべきではない。

指揮の哲学

われわれの指揮の哲学がわれわれの戦い方を支えるということが重要である。本質的なことは、われわれの戦い方はわれわれの指揮の哲学に支えられている、ということだ。何よりもまず、作戦の望ましいテンポを生み出すために、そして戦闘の不確実性、無秩序、流動性に最もよく対処するためには、指揮と統制の分権化が必要である。すなわち、下級の指揮官は指揮系統に従って情報を上に流したり、下に流す決定を待っていたりするのではなく、上官の意図の理解に基づいて、自発的に意思決定をしなければならない。さらに、意思決定しようとしている有能な下級指揮官は、当然ながら距離的に離れた上級指揮官よりも本当の状況をよりよくわかっている。個人の自発性と責任が最も重要なのである。分権化された指揮統制を実行する主な手段は任務戦術の活用だが、これについては後述する。

第二に、戦争は人間活動であり、どれほどの技術の量をもってしても人間的側面を減らすことはできない、という結論に従えば、われわれの指揮の哲学は装備や手続きよりも人間の特徴に基づいていなければならない。通信装備や指揮幕僚の手続きは指揮能力を高めてくれるが、それらを指揮の人間的要素を減らすために使うべきではない。われわれの哲学は、大胆不敵、自発性、人格、意志の強さ、想像力のような人間の特性を取り入れるだけでなく、活用しなければならない。

われわれの指揮の哲学はまた、暗黙的に意思疎通《コミュニケート》する人間の能力を活用しなければならない[*5]。暗黙的コミュニケーション——お互いを理解し合い、言葉の使用をよくわかった重要なものだけにとどめ、あるいはさらにお互いの考えていることを察し合うことのほうが、コミュニケーションの手段としては、詳しい明示的な指令を使うよりもっと速くて効果的であると信じる。われわれは、この能力を、共有された哲学と共有された経験の上に築き上げられた親密な間柄と信頼を通して伸ばさなければならない。

この概念にはいくつかの実践的含意がある。第一に、必要な親密さと信頼を醸成するために任務上の長期的な人間関係を築き上げるべきである。第二に、重要人物である実際家たちは、伝令や使者を通さずに、できるだけ相互に直接話すべきである。第三に、われわれは話し方すなわち声の抑揚や調子《トーン》によっても意思疎通《コミュニケート》するので、できるだけ口頭で意思疎通《コミュニケート》すべきである。第四に、われわれは身振りやふるまいでも意思疎通《コミュニケート》するので、できるだけ直接、自分で意思疎通《コミュニケート》すべきである。

指揮官は、戦闘行動に最もよく影響を与えることができるところから、普通は前線にかなり近いところから命令すべきである。そうすることで、戦闘の流れや潮の満ち引きをじかに見たり感じたりして、報告書からは得られない状況の直観的理解を獲得したり、戦闘中の決定的な時点で自分の影響力を発揮したり、さらに状況に影響を与える出来事からより近いところに身を置いて直接観察したり、情報が指揮系統を上下することから来る遅れや不正確さを避けたりすることが可能になる。

最後に、人格的《パーソナル》リーダーシップの重要性がある。その場に実際にいるだけで、すなわち危険や物資欠乏を進んで共に体験するという姿勢を見せるだけで、指揮官は部下からの信頼と信任を十分勝ち取れるのである。前線指揮と部下の過剰な監督を同一視してはならない、と銘記すべきである。同時に、前線指揮の必要性と全体状況をよく知っておく必要性のバランスを取ることも重要である。後者は、戦闘作戦指揮所のような中心的位置から最もよく実行できることが多い。全体状況を意識しなくなるので、指揮官は状況の一側面に焦点を当てすぎてはいけない。

戦争は本質的に無秩序で、不確実で、ダイナミックであり、摩擦に支配されていることを、指揮哲学の一部として認識しなければならない。さらに、機動戦は速さと自発性に重点を置くので、本来的に無秩序な様式《スタイル》の戦争となる。機会を利用する条件が熟した状況もまた、非常に無秩序であるのが普通である。指揮官が、行動の基盤として確実性を得ようとしたり、いつも出来事を積極的に制御しようとしたり、計画に合うように出来事を操作したりすることは、戦争のこの本質を否定することになる。したがって、混沌《カオス》、不確実性、絶えざる変化、摩擦に満ちた環境に対応するために備えなければならない。いやむしろ、その環境の中で対応するように準備しなければならない。それらの要因に対応できるようになり、われわれを弱体化する効果を抑制することができれば、それらにうまく対処できない敵に対して武器として用いることができる。

それが実践的に意味するのは、行動する前に確実性を求めるような努力をしてはならない、ということである。そうしているうちに敵に主導権を許し、機会を逃してしまうからである。部下を過度に統制するようなことをやってはいけない。テンポを遅らせ、自発性を抑制するからである。戦闘における出来事に精密な秩序を押しつけるようなことをしてはならない。戦争への公式的な方法につながるからである。変化する状況に適応し、機会が訪れたら利用できるように備えなければならない。有効性が失われてしまった事前計画に固執してはならないのである。

指揮の哲学の要点のいくつかは覚えておく価値がある。第一に、指揮の哲学は、われわれのウォーファイティングのスタイルに基づいているが、戦争中だけに適用されるということを意味しない。戦争準備段階でもこの哲学を実践すべきである。駐屯地で部下が過剰な統制に慣れてしまったら、彼らが戦場で大胆不敵や自発性を発揮することは当然期待できない。その任務が訓練、装備調達、事務処理、警察業務であれ、この哲学が適用されるべきである。

第二に、われわれの哲学はあらゆるレベルで有能なリーダーシップを必要とする。中央集権システムが必要とするのは、理論的には有能で唯一権限を持つ上級指揮官一人だけである。分権システムが必要とするのは、すべてのレベルで正しい時宜を得た判断を下せるリーダーである。自発性が指揮官に必須の能力の要件となってくる。

さらに、われわれの哲学は仲間同士の親密性を必要とする。共通理解を通じてのみ、努力を一つにまとめるのに必要な暗黙的意思疎通《コミュニケート》が築けるからである。最も重要なのは、われわれの哲学が上司と部下との間の信任関係を要求していることであろう。

戦いを形成する

われわれの目標は、単に敵の戦力を累積的に消耗させることだけではないので、勝利を勝ち取る方法のためのより大きな枠組みを持たなければならない。すなわち、なにも増して、こうして勝つのだ、という思いを持たなければならない。

最初の要件は、なにを、なぜ、いかに達成したいか、を確立することである。明確に定義された概念や意図がないのに、努力を一つにまとめることなど考えられない。敵の重心をくつがえして任務の達成に最も直接的につながるような敵の致命的弱点を特定しなければならない。そうしてから次に、時間的にも空間的にもわれわれに有利になるように方面作戦、作戦、戦闘、軍事衝突を形成する動きを開始できるのである。同様に、敵の視点からわれわれ自身を見るように努めなければならない。そうすることで、敵が攻撃してくるかもしれないわれわれの弱点を特定し、敵が何をやってきそうかを予測して、それに対処できるようになる。理想的には、軍事衝突が始まった時にはすでに問題は解決されているはずである。敵との出会いに至る出来事に影響を与えることを通じて戦いの条件を形成したのだから、結果は当然の帰結である。我が方が決定的に有利になるように、われわれが戦いを形成したのである。

戦いに影響を与えて我が方を有利にするには、時間と空間の中で前向きに思考しなければならない。これは計画立案で行うことが多いが、出来事の詳細な予定時間表を作るということを意味しない。すでに結論づけたように、戦争は本質的に無秩序であり、いかなる正確さをもってしても、その条件をわれわれが決めることは期待できない。むしろ、戦争の大枠の条件を形成しようとするのである。この条件形成には、致死的な行動とそうでない行動があり、直接攻撃から心理作戦まで、電子戦から将来の作戦のための重要な装備の蓄積までのように、それらを両極とする連続相《スペクトラム》を構成している。形成行動によって、敵は攻撃に対して脆弱になり、味方の機動が促進され、決戦の時間と場所が決まるかもしれない。例えば、敵の動きを望む方向に誘導したり、敵の増援部隊を阻止したり遅らせたりして寸断された敵と戦えるようにしたり、欺瞞によって敵の期待を形成し活用できるようにしたりするのである。敵の特定の能力を攻撃してわれわれの能力を最大化することも可能である。例えば、敵の防空を破壊する作戦を開始して、われわれの航空戦力を最大化することができる。

形成行動により、指揮官は主導権を握り、勢いを保ち、作戦のテンポを制御する。また、いくつかの作戦が可能なように出来事を形成して、決戦の時が来ても一つの行動経路に限定されないようにしなければならない。

さらに考える将来が先であればあるほど、われわれの実際の影響力は小さくなっていく。したがって、より先の将来を考える時ほど、より少ない正確性に甘んじる必要がある。先を見通すことは、直接の影響の問題というよりは、将来ありえる行動のための土台作りの問題になるのである。出来事がわれわれに近づき、われわれの影響力が増すにつれて、状況といかにそれを形成するかの理解もすでに進んでいるのである。[*6]

指揮の階層が高いほど、影響の範囲は大きく、より先の時間と空間を見通しながら行動を形成しなければならない。軍事戦略を立案し推進する上級指揮官は、数週間、数か月、あるいはもっと先を見ている。そして彼らの影響や関心の範囲は、戦域全体におよんでいる。戦闘や軍事衝突を戦う若手の指揮官は、次の数時間や数分、そして目の前の戦場に関心がある。作戦領域にかかわらず、われわれが望む結果やその実現に向け、時間と空間において行動をいかに形成するかについて、なにがしかのビジョンを持つことが重要である。

意思決定

意思決定は戦争遂行の本質である。行動のすべてが意思決定、あるいは意思決定をしなかったことの結果だからである。もし意志がなくて意思決定しないのであれば、敵に主導権を進んで渡したことになる。もしなんらかの理由で意識的に行動するのを延期するのであれば、それは決定である。したがって、行動の基盤としては、決定するほうが決定しないより良いのが一般的である。

戦争は対立する意志の間の紛争であり、真空状態で意思決定はできない。われわれが敵に意志を押しつけようとしており、敵も同じことをしていることを認識しながら、敵の反応や反撃を考慮しつつ意思決定しなければならない。

時間は効果的意思決定の決定的要因であり、多くの場合最も重要な要因である。効果的意思決定の鍵は、どれくらい時間があるのかを知ることと、その時間を最大限に活用することである。一般的に、意思を決定し実行するのが誰であれ、一貫して速ければ、それは非常に大きな、しばしば決定的な優位性をもたらす。したがって、遂行における意思決定は、時間との競争のプロセスとなり、意思決定のタイミングの良さがテンポを生みだすのに重要になる。時宜を得た決定には、重要な要素にしぼった迅速な思考が必要である。そのような状況では、意思決定能力を速くする努力を怠ってはならない。そうは言っても、時間が限られていない、熟考して計画を立案する状況では、不必要に急いで決定すべきではない。

軍事的決定は数学的な計算だけではない。意思決定には、状況から問題の本質を認識する把握力と実践的な解決案を考え出す創造力の両方を必要とする。これらの能力は経験と教育と知能から生まれてくる。

意思決定は経験に基づく直観的なプロセスだろう。これは、流動的で不確実な状況における低い階級レベルの意思決定では正しいように思われる。反対に、意思決定は複数の選択肢の比較に基づく、より分析的なプロセスかもしれない。これは、上位の階級レベルの意思決定あるいは熟考して計画立案する状況においてより当てはまるだろう。

意思決定は、機械的な習慣ではなく、気づきに基づくべきである。すなわち、条件反射ではなく、それぞれの状況を唯一無二にしている本質的な要素を鋭く理解したうえで行動するのである。より完全な情報が得られるまで決定を先延ばししたいのが普通だが、不確実性に直面しながら難しい決定を下し、それに全責任を負う道徳的勇気を持っていなければならない。

不完全な情報を理由に緊急事態で行動を遅らせるのは、精神的勇気の欠如を示している。あわてて決定してはならないが、もっと情報を求めようとして機会を無駄にしてはいけない。

最後に、すべての決定は不確実な状況で行われるのは間違いないし、すべての状況が唯一無二なので、戦場の問題に完全な解は存在しない。したがって、そのことで苦しむ必要はない。問題の本質は、許容できるリスクの範囲内で有望な行動計画を選択し、それを敵より早く実行することなのである。この点では、「良い計画を荒っぽくとも今すぐ実行するほうが、完璧な計画を来週実行するよりも優れている」[*7]。

任務戦術

機動戦を実践するための重要な方法の一つは任務戦術の利用である。任務戦術とは、名前が意味するように、部下に任務を与える戦術のことであり、任務をいかに遂行するかについては細かく指示しない。[*8] 任務達成の方法には部下に任せるのである。自由を与える一方で、義務をはっきりさせる。部下は状況に応じて必要だと判断したら、いかなる手段でも取るのである。任務戦術は、部下の自発性の発揮に依存するが、自発性は適切な指導と理解によって形成される。

任務戦術は、上級指揮官に自由時間という便益をもたらし、部下の細かな任務遂行より高いレベルの関心事に注意を向けることができる。上官は、調整が必要不可欠な範囲にかぎり、遂行の方法を指示する。上官は、特別な例外を除けば、部下の遂行に干渉しない。われわれが望むハイ・テンポの作戦を可能にするのは、この自発性への自由である。部下は、上からの過度の制約に束縛されずに、状況の変化に合わせて行動を柔軟に変えることができる。部下は、実行したことを上官に報告するが、許可を待つことはない。

任務戦術は、上官と部下の間の契約として機能する。上官は部下に任務遂行に必要な支援を提供するが、不必要に行動を指示することはない。上官の義務は、部下が正しい判断と自発性を発揮できるように、助言を与えることである。部下の義務は、上官の意図に従って行動することである。部下は、自分の正しい権限を越えないように、責任を持って忠実に行動することに同意する。任務戦術が部下に要求するのは、自分の行動がより大きな状況にいかに当てはまるのか、を理解する「大局観」を持って行動することである。[*9] 換言すれば、部下はより高い任務の遂行に貢献するために、いつも自分の階級レベルを越えて思考しなければならないのである。

明らかに、さまざまな努力を統一したり焦点化したりする何らかの手段もなしに、分権化された自発性を認めることはできない。そうすることは、自らの強みを消してしまうだろう。統一は、主に上からの統制を通してではなく、上からの助言が与える文脈の中での自発的《イニシアティブ》行動の調和と横の調整を通して追求するのである。

指揮官の意図

この調和の取れた自発性を達成する主要な方法は、指揮官の意図、すなわち部下が自分たちの行動をより大きな文脈で理解するのを助ける道具の活用である。意図を与える目的は、部下に自分の判断と自発性を発揮することを許す——予期しないことが起こったときに最初の計画から離れることを、上官の目標と一致している限り認めるということなのである。

どのような「任務」にも二つの部分がある。果たすべき課題《タスク》とその背後にある理由や意図である。[*10] したがって、意図はすべての任務の一部である。課題は採るべき行動を示し、意図はその行動の目的を説明する。課題は何を、いつ、どこですべきかを、意図はなぜを説明する。二つのうち、意図がより重要である。課題は状況が変化すると古くなってしまうが、意図はより長続きし、継続的に行動を導く。指揮官の意図を理解することによって、指揮官の要望と調和する形で自発性が発揮できるようになる。

　部隊の意図は、部隊の任務を下命する指揮官によって確定される、通常は一つ上級の指揮官だが、そうとも限らない。指揮官は普通、部下に下す任務記述書の一部として意図を与える。部下の指揮官は、下命された任務の目的がはっきりしない場合は、はっきりさせるよう求めるべきである。指揮官は、この任務に基づいて、次に部隊がいかに任務を達成すべきかを説明する作戦コンセプトを創り出し、部下一人ひとりにそれぞれの任務を割り当てる。部下に与えたそれぞれの任務記述書は、その部下への意図を含んでいる。部下一人ひとりに与えられた意図は、指揮官が上から受け取った意図の達成に貢献しなければならない。このトップダウンの意図の流れは、われわれの行為に一貫性と継続性を与え、自発性のボトムアップの発揮に必要な文脈を確立する。

　意図は、多くの場合、下命された任務の後に続く「～のために」という簡単な語句でとらえることができる。敵に焦点を合わせ続けるために、意図を敵にからめて表現できる。例えば、「敵が川を渡って逃げるのを阻止するために橋を確保せよ」のように。時には、「～のために」という表現に加えて、より詳しい指示を与えることが必要だろう。いずれにしても、指揮官による意図の表明は、短くて説得力がなければならない。つまり、簡潔であればあるほど良いのである。部下は、すべての決定を導く上官の意図をいつも意識していなければならない。複雑で入り組んだ意図では、それができない。

意図のわかりやすい表現と理解は、活動の統一性に不可欠である。理解の重責は上官も部下も同じである。上官は、自発性を妨げない形で目的を完全に明確にしなければならない。部下は上官が何を期待しているのかを明確に理解しなければならない。さらに、少なくとも二階級上の指揮官の意図も理解しておくべきである。

主力

統一性をもたらすもう一つの重要な方法は主力である。指揮の範囲内で進行中のすべての活動の中で、ある瞬間に一つの活動を成功にとって最も重要だと認識する。この鍵となる任務を果たす責任が課せられた部隊は主力と呼ばれ、そこに軍の戦闘力が集中する。主力は、どの種類の支援も優先的に受け取る。同じ指揮下のすべての他の部隊が、主力の任務達成を支援しなければならないということがはっきりしてくる。指揮官の意図と同じように、主力も部下の自発性を調和させる力となる。ある決定に向き合ったとき、われわれは自問する。いかにすれば主力を一番よく支援できるのか？

どの部隊を主力に任命するかの決定を軽く見てはいけない。実際には、決めたのは、決めたことをいかに達成するかであり、それ以外はすべて二の次である、ということなのである。主力の成功が任務全体の成功を確実にするように、作戦を注意深く立案する。主力は、勝利への主要努力であり、それを敵にとって最も打撃を与え、成功への最良の機会となるものへ向けなければならない。主力は、物理的・精神的に非常に深い関与であるが、やり直せないということでもない。それは、決定的な戦闘力の集中とリスクの受け入れをわれわれに強いる。このように、主力を敵の致命的弱点を通して敵の重心に向け、それ以外は厳しい節約に徹するのである。

各指揮官は作戦ごとに主力を確定しなければならない。状況が変化すると、指揮官は主力を動かす。戦闘力の比重を変えて、現時点で成功に最も重要な部隊を他のすべての部隊が支援するのである。一般的には、主力を動かすときは、成功を活かすように努め、失敗を重ねることがないようにしなければならない。

強みと弱み

簡単に言えば、強みとは堅いところ――敵の強いところ――であり、弱みとは軟らかいところ――敵の弱いところ――である。敵の強みを避け、敵の弱みに戦力を集中する。目的は敵システムを突破することである。われわれの強みを敵の弱みと戦わせることで死傷者を減らせることもあるが、それよりも決定的な結果を生む可能性が高い。可能なときはいつでも、すでにある敵の弱みを利用し、それに失敗すれば、敵の弱みを創り出す。

弱みは、実際には敵の配置の中の物理的弱点であるが、時間、空間、能力における弱点でもある。すなわち、敵が無防備で脆弱になった瞬間、防空網の継ぎ目、開けた地形で不意を突かれた歩兵部隊、二つの部隊の間の境界などである。

同様に、強みとは実際の防衛陣地でもあるが、敵の強いところであれば何でもよい。すなわち、敵が補給を受けたばかりのとき、あるいは敵が配置や武器システムや能力を一か所に統合したときなどである。

強みや弱みの評価にはある程度の判断力が必要である。ある場合の強みは別の場合には弱みかもしれない。例えば、敵の車両の動きを制限する森林はわれわれの歩兵部隊にとっては強みであるが、敵の歩兵が潜入できる森林はわれわれの機甲部隊にとっては弱みである。さらに、敵が配置を偽装し、弱みに見せかけた強みの場所に誘い込むことも考えられる。

戦争の本質である流動性のために、弱みがずっと弱みであることは稀であり、一瞬の間だけ弱みであるのが普通である。弱みを突くには柔軟性と速さが必要である。継続的かつ攻撃的な偵察によって敵の弱みを積極的に見つけ出さなければならない。ひとたび敵の弱みを見つけたら、それを突くために、戦力を迅速に投入しなければならない。例えば、われわれの主力が敵の強みを攻撃しているときに、別の部隊が弱みを見つけたら、その別の部隊を主力に指定して、われわれの戦闘力がそれを支援するように態勢を変えるのである。このように、前線で敵の弱みの間隙に戦闘力を引き込むのであり、後方から戦闘力を押し込むのではない。[11] 指揮官は、現場で弱みを見つけだす部下の自発性を信頼するとともに、事前に決められた画策に盲目的に従うのではなく、機会に迅速に対応する柔軟性を持たなければならない。

諸兵科連合

戦闘力を最大化するためには、利用できる資源すべてをわれわれに有利になるように使わなければならない。そうするためには、諸兵科統合ドクトリンに従う。諸兵科連合とは、諸兵科の完全統合であり、敵が一つの兵科に反撃しようとすると、他の兵科により脆弱にならざるをえないようにする方法である。敵に単に問題を与えるだけでなく、あちらを立てればこちらが立たずのジレンマに追い込み、勝てない状況を作るのである。

諸兵科連合を達成するためには、低いレベルでは戦術と技法を使い、高いレベルでは任務組織を使う。そうすることで、異なるタイプの部隊の相補的特性を利用し、機動力と火力を強化するのである。それぞれの兵科は、他の兵科では遂行できない任務に使う。例えば、航空部隊には、砲兵部隊ではできない任務を割り当てる。最も低いレベルの諸兵科連合の概念の例は、火力チームにおける自動小銃と擲弾発射筒《グレネード・ランチャー》の相補的な活用である。自動小銃の大量直射で敵を身動きできなくしておき、擲弾発射筒にとって脆弱な目標にする。敵が擲弾の衝撃から逃れようと動けば、また自動小銃で交戦するのである。

MAGTFレベルまで事例を広げることもできる。強襲支援航空機を使うのは、突破作戦のためにすぐれた陸上兵力を迅速に集中させるためである。そして、侵攻を阻止しようと移動する敵の増強を遮断するのには縦深航空支援を使う。火砲で効果的に撃退できない敵には近接航空支援で戦う。歩兵による攻撃から守るために、敵は支援兵科に対しては脆弱にならざるをえない。敵が支援兵科から身を守ろうとすれば、歩兵部隊は敵に対して機動的に動ける。われわれの侵攻を止めるためには、敵は予備兵力を急いで増援しなければならない。しかし、縦深航空支援を避けるために、敵は道路から離れざるをえず、ゆっくりしか動けなくなる。もしゆっくりしか動けないのであれば、われわれの突破に間に合うような増強はできない。こうして、敵をジレンマに追い込むのである。

結論

ここまで機動戦の目的と特徴を論じてきた。この戦争のスタイルを支えるのに必要な指揮の哲学を論じた。機動戦のいくつかの戦術を論じた。もはや、機動戦の本質は戦争で使う特定の方法にあるのではない、ということは明らかなはずである。われわれは、戦争への公式的なアプローチを信じていない。信じているのは、海兵隊員の精神である。この意味では、機動戦は諸兵科連合のように、海兵遠征軍指揮官の考え方にも、射撃チーム指揮官の考え方にも適用される。それは、水陸両用作戦であろうと、上陸後の持久作戦であろうと、低強度紛争や高強度紛争であろうと、敵がゲリラであろうと機甲部隊であろうと、砂漠においてであろうとジャングルにおいてであろうと、紛争の性質にかかわらず適用されるのである。

機動戦は、戦争における思考法、そして戦争についての思考法であり、それらによってわれわれの行動の一つひとつが形成されるであろう。機動戦とは、大胆な意志、知性、自発性、そして冷徹な機会主義から生まれる精神の状態なのである。敵を麻痺させ、混乱させ、敵の強みを回避し、敵の弱点を迅速かつ攻撃的に利用し、最大の損害を与える方法で攻撃することによって、敵を精神的にも物理的にも粉砕しようと決意している精神状態のことである。要するに、機動戦とは、われわれの損失を可能な限り最小限にとどめながら、敵に最大限の決定的な打撃を与える哲学、すなわち賢く戦う（fighting smart）ための哲学なのである。

注

はじめに

1 グロスマン（2004）三五頁、グロスマン他（2008）二六頁。

第Ⅰ部第1章

1 クランシー（2006）上巻、二三～二四頁。

2 アメリカ海兵隊の歴史については多くの書があるが、代表的なものとしては、Isely, et al.（1951）、Simmons（2002）、野中（1995）、第二次世界大戦の役割についてはケネディ（2013）を参照。

3 ニミッツ他（1962）。

4 アール・H・エリス少佐とその功績について、詳しくはEllis（2015）を参照されたい。エリスは聡明な人物であったが、繊細な神経の持ち主でもあり、鬱病《うつびょう》をはらすために飲酒におぼれ、大尉の頃にはアルコール依存症になっていた。エリスの恩師であり、親友でもあったレジューンは、彼の才能と海兵隊への全人的忠誠を評価し、彼を常に支援した。エリスは作戦計画７１１Ｄを書き上げた後、その計画の実現性を調査すべく一九二一年八月パラオ島に渡った。そこで学んだことは、日本軍は予期に反して南太平洋諸島の要塞化をほとんど進めていないことだった。エリスは、一九二九年五月十二日、パラオで病死したが、日本の官憲によってスパイ行動を察知され毒殺されたという説もある。

5 一九一五年当時のイギリス海軍大臣チャーチルは、主戦場の西部戦線の膠着《こうちゃく》状態を打開するとともに、ダーダネルスとボスポラス海峡を突破してドイツに荷担するトルコを圧迫し、ロシアを支援する雄大な作戦を計画した。これが成功していれば、戦争は早期決着したかもしれなかった。

6 「オレンジ・プラン」については、ミラー（1994）を参照。

7 アーネスト・キングについては、谷光（1993、改訂版 2015）を参照。

8 O'brien（2015）Chapter 6 に基づく。

9 Contingency は偶発性や不測事態と訳される。太平洋戦争におけるコンティンジェンシーについては、Myers（2015）がある。経営学では、「コンティンジェンシー・プラン」や「コンティンジェンシー・セオリー」（環境適応理論）などと使われる。

10 海兵隊の機動戦の展開は、Damian（2008）に基づく。

11 この対叛乱作戦のドクトリンは、陸軍・海兵隊の The U. S. Army & Marine Corps (2007), *Counterinsurgency Field Manual*, the University of Chicago Press として出版された。イラク戦争をめぐるＣＯＩＮ作戦の成立過程については、福田（2009）、吉岡（2013）、ハーフォード（2012）などを参照。

12 詳細は布施（2014）、渡部（2016）を参照。

13 9‐1‐1はアメリカでの緊急通報用電話番号。日本の一一〇や一一九に相当する。

14 詳細はエルドリッヂ（2017）を参照。

第I部第2章

1 コンティンジェンシー理論については、野中（1974、増補新装版2014）、野中他（1978、新装版2014）、加護野（1980）を参照。

2 エリノア・スローンは、クルラック大将の戦略論を評価している。スローン（2015）第一章。

3 *Expeditionary Force 21 – Forward and Ready: Now and in the Future*, p. 2, March 4, 2014.

4 Krulak (1984).

5 機動戦は、古くは生涯ローマと戦い続けたカルタゴの名将ハンニバルが得意とし、近代ではグデーリアンの電撃戦、毛沢東の遊撃戦、ベトナム戦争の際に北ベトナム軍とベトコンが採った戦術も機動戦である。第二次世界大戦で最も典型的な機動戦は、ドイツのフランス侵攻の電撃戦であった。エーリッヒ・フォン・マンシュタインA軍集団参謀長は、グデーリアンと協議のうえ、英仏連合軍が予期している右翼ではなく、中央に位置するベルギー南部からルクセンブルク北部にかけて広がり、難攻不落のマジノ要塞戦の切れ目にあるアルデンヌの森を狙った。すなわちB軍集団が右翼からベルギー、オランダに侵入して連合軍をおびき寄せ、その隙に主力のA軍機械化集団が手薄となった中央部を強襲突破した。フランス軍には敵は中央部を攻めてこないという強固な前提があったため、予想もしないドイツ軍の侵攻を受けてパニックにおちいり、瞬く間にダンケルクの海岸に追い詰められた。軍事力では優位であったはずのフランスは、電撃戦によってわずか六週間でドイツに降伏した。スピードが、物的・技術的優位を打破したのである。

6 Hammond (2001).

7 ナポレオンは消耗戦と機動戦を組み合わせた。第二次世界大戦では、例えばアイゼンハワー大将が指揮した連合軍のノルマンディ上陸作戦（Dデイ）は、基本的には大規模な消耗戦に分類されるが、上陸地点の欺瞞作戦も行い、連合軍正面のモントゴメリーが独軍の主力部隊を抑えつつ、予備軍のパットン戦車隊が後方から電撃戦を展開し戦線を突破した。つまり、機動戦と消耗戦を総合すれば、最も効果的かつ短期間で雌雄を決することができる。野中・荻野（2014）参照。

8　Santamaria, et al. (2004).

9　宮本武蔵の兵法（Martial Arts）と『ウォーファイティング』の類似する点については、いくつかの命題が指摘されている。例えば、『五輪書』における「敵が崩れる拍子をとらえて、好機を取り逃がさないように追い立てることが肝要である」（一七〇頁）は、海兵隊『ウォーファイティング』の「決定的な機会が来たときは、それを積極的かつ十分に活用しなければならない。集められる戦闘力をすべてそれに充てて、われわれ自身を疲労の限界まで追い込むのである」（本書二六七頁）と類似している。他にも、『五輪書』の「敵が予想しない不意をつき、激しい勢いでしかけて、敵が動転している間に、こちらの有利なように、先手をかけて勝つことが肝要である」（一七八頁）とあるが、『ウォーファイティング』には「欺瞞行動を通じて敵の予想を形成しようとしたりする。その予想を利用して、敵が予想していない時間に予想していない場所を攻撃するのである」（二六七頁）と書かれている。『五輪書』の「敵の戦う気力を殺ぎ、心底より負けた気持ちにさせてしまうことが大切」（一九〇頁）と『ウォーファイティング』の「究極の目標は、パニックと麻痺であり、敵に抵抗する能力を失わせることにある」（二六六頁）は、類似命題である。

10　Coram (2002), pp. 428-429. Hobbs (2013), pp. 23-24 を参照。

11　*Sea Power 21* (2002), p. 211. この他、河津（2008）、大熊（2011）、*A Cooperative Strategy for 21st Century Seapower*（2015）参照。

12　フリードマン（2001）第一〇章。

13　https://www.dmdc.osd.mil/appj/dwp/dwp_reports.jsp

14　この点は、日本型組織の段階的登用制度と類似性がある。日本型組織の人材登用は、江戸時代以来、足高《たしだか》制、養子制度、御家人株の売買制度などを通じて年功制と能力主義の両立を図ってきた。明治維新の成功は、雄藩出身の下級武士の登用が原動力であった。日本の企業組織においては、一九三〇年代以降アメリカを中心とした熟練工の組織的育成とＯＪＴの導入過程で、終身雇用、年功序列賃金、工場制組合を発展させたが、徳川時代以来のシステムを継承していた。年功序列と能力主義の両立、出世競争を通じて業績・職務経験を基準とする段階的内部昇進は本来的に能力主義を踏まえた制度であった、と指摘されている。笠谷（2016）。

15　教育システムについては、主としてキャリソン他（1999）第2章を参照している。とりわけ、ブート・キャンプについてはPopaditch（2012）を参照。クレフェルト（2010）は、集団や社会の支えがあることが、兵士が恐怖を克服し、生命を賭ける動機づけになると指摘している。

16　河津（2013）三四二〜三四八頁。

17　*Marine Corps Manual*（1980）を要約。

18　フリードマン（2001）第8章「組織文化のマネジメント」参照。

19　*The Marine Officer's Guide* (1977), p. 169.

20　Couch (2014).

21 Ricks（1997), pp. 199-200.

22 U. S. Marine Corps, *The Rifleman's Creed.* 太平洋戦争の「ペリリュー島の戦い」を指揮した第一海兵師団長ウィリアム・H・ルパータス准将が書いたもので、海兵隊の信条とも呼ばれる。

23 *Marine Corps Manual*（1980）を要約。

24 フリードマン（2001）六七～六九頁。

25 海兵隊の下士官の役割については、キャリソン他（1999）第4章を参照。

26 クランシー（2006）一四二～一四三頁。

27 OODAループについては、北村他（2009）、Osinga（2007）、Hammond（2001）、Ford（2010）を参照。

28 Boyd（1976).

29 フリードマン（2001）二三四頁。

30 Ricks（1997), pp. 188-190.

31 野中（1995）一一二頁。

第Ⅰ部第3章

1 最近の『マリーン・コー・ガゼット』でも、適応vs.革新の討論が展開されている。Wood（2016).

2 Murray（2011).

3 組織内の多様性が多すぎると組織を維持できないので、環境多様性がもたらす大量の情報を処理することができ、かつ組織を維持・統制できる最小の多様性が必要なのである。Ashby（1956).

もちろん、戦争のただ中で革新がないわけではない。一例が太平洋戦争におけるアメリカ海軍の潜水艦隊の日本軍商船隊攻撃である。チェスター・ニミッツは、「古今の戦争史において、主要な武器がその真の潜在威力を少しも把握理解されずに使用されたという特有の例を求めるとすれば、それこそまさに第二次大戦における日本潜水艦の場合である」と指摘している。ニミッツ他(1962、新装版1992)三五八頁。

4　基本的には、情報に意味が与えられて知識に変換されていくが、その階層は四段階で構成される。最下級の「生データ」は、あらゆるセンサー(眼球、ラジオアンテナ、レーダー、衛星など)によってえられるデータである。次の処理(プロセスド)データは、使用者が理解可能な形式に変換されたデータ(写真、ラジオ通信、画像表示の文・グラフ、地図など)である。これが狭義の「情報」である。処理データが、意味と価値を提供するように分析されたデータが「知識」である。信頼性、関連性、重要性で評価されたデータであり、情報という「地」から状況の「図」を構築するために統合・解釈された多様な情報(インテリジェンス・レポートなど)である。最高位のデータが「理解」であり、多様な知識を特定の状況のより深いレベルの気づきがえられるように総合し、適用された知識である。理解は、一般と個別のギャップを埋めるべく多様な知識を総合し、判断と直観を使い、状況の完全なメンタル・イメージに到達した時に「わかる」となるのである。理解は、「状況の察知」(situational awareness)の獲得であり、いかなる状況でも状況のパターンと論理を感知させ、決定的要因(例えば敵の決定的弱点)とその結果を予知させる。海兵隊では、完全な理解に到達できなくても、理解をすべての意思決定の基盤とする努力を試みる。海兵隊の「理解」は後述する実践知や知恵に近いといってもよいだろう。*MCDP6 Com-*

mand and Control, Chapter 2, Command and Control Theory.

5 例えば、その展望については飯田他（2008）を参照。

6 サイモン（1987、第三版 1999）第3章。サイモン理論の体系については、サイモン（2009）を参照。

7 フッサール（1995）。

8 ポランニー（2003）。わが国のポランニー研究としては、栗本（1988）、渡辺（1996、増訂改題 2006）を参照。ポランニーの「知識論」は、経済学者ハイエクの市場は知識の発見の場であるとする市場論と「自生的秩序」の概念、政治学者オークショットの「実践的知識」の概念、経営学における「知識経営」の概念などに展開されている。ポランニーの暗黙知についての主要参考文献には次のものがある。ポランニー（1985）、ポランニー（1986）、ポランニー（1989）、ポランニー（2003）、栗本（1988）、渡辺（1996、増訂改題 2006）。

9 ドイル『緋色の研究』第一部、第二章。

10 ヴァレラ他（2001）。

11 シャーロック・ホームズの推論をアブダクションとしたのは、シービオク他（1981）である。内井（1988）も参照。知識創造理論との関連については、野中・紺野（2003）を参照。

12 クラーク（2012）、池谷（2009）などを参照。

13 ポランニー（1986）。

14 代表的文献としては、野中（1990）、野中・竹内（1996）、野中・遠山・平田（2010）、野中・紺野（2012）。

15　暗黙知の言語による表出はまったく不可能ではない。アンソニー・ギデンズは、言説的意識（discursive consciousness）、実践的意識（practical consciousness）、無意識的動機・認知（unconscious motive/cognition）という意識の三階層理論を唱えた。ギデンズ（2015）。言説的意識が「話すことや言語表現を与えられることができる」のに対し、実践的意識は「自分自身の行為の条件を含む社会的条件について知っていたり確信していたりするが、論述的に表現することができない」意識である。言説的意識は形式知、実践的意識は暗黙知であるが、言説的意識と実践的意識は互いに浸透しあう関係にある。また下條信輔は、無意識と意識の間に「前意識」という概念を置いたフロイトを引用し「意識的ではないが潜在的に知っている」という状態の前意識が、努力やなんらかのきっかけで意識化できると論じている。さらに前意識の知は、意識と無意識のインターフェースであると同時に、人々の間で共有されている部分が多く、ユングの言う「集合無意識」という考えともつながっていると指摘している。下條（2008）。

16　実践的三段論法は、演繹や帰納のような論理的三段論法のように前提となる命題の検証を行うのではなく、目的を達成するための実践的な判断と行動を導く。その論理形式は、①大前提：私の目的は○○である、②小前提：この目的を実現する手段は□□である、③結論：したがって、○○を達成するには□□を行う（べきである）、となる。その結論には唯一絶対の解はなく、終わりのない推論が連続していくが、目的実現のため着手可能なところで選択し、行動する。詳しくは、野中・紺野（2012）一二八〜一三三頁を参照。

17　國藤（2006）を参照。

18　Clark（2010）, pp. 95-101.

19　フッサール（2012）、フッサール（2013）、メルロ＝ポンティ（1982）。フッサール自身の現象学はきわめて晦渋であるので、山口（2012）を参照されたい。

20　相互主観性の成立する状態をマルティン・ブーバーは、全身全霊の触れ合いとして「我‐汝関係」と言い、他者を三人称のモノとして対象化する「われ‐それ関係」と区別している。ブーバー（1967）。普通の日本語では「わたし‐あなた」（I-You）でよいのであるが、「我‐汝」（I-Thou）の汝はドイツ語のDuを訳したものである。Duには尊敬と親しみの両方が込められた意味がある。

21　山口（2005）に基づく。山口一郎は、ＳＥＣＩモデルの理解には暗黙知を受動的綜合に、形式知を能動的綜合に対応させることができると指摘している（私信）。

22　リゾラッティ他（2009）、ラマチャンドラン（2013）、キーザーズ（2016）参照。

23　甘利（2016）、西垣（2016）、前野（2017）などを参照。

24　金子（2015）八一〜八六頁。

25　最近の脳科学の成果の一つに、すべての意識は現実から〇・五秒遅れてやってくる、というベンジャミン・リベットの発見がある。リベット（2005）。山口一郎は、その理由について、無意識に働く「過去把持」が因果関係の枠組みで証明され、現象学に統合されることによってよりよく説明できるとしている。山口（2009）。

26　スレッジ（2008）二四頁。

27　一九五〇年代から六〇年代にかけて、アメリカ産業界では科学的管理法に代わって、人間関係論が擡頭した。メイヨーやレスリスバーガーのホーソン工場実験から始まり、マズローの欲求段階説、マクレガーのX理論、リッカートの社会心理学的人間関係論などである。日本産業界でも、伝統的人間関係が理論化されたとあらためて認識された。しかしアメリカでは、人間関係論は実践的に普及しなかった。海兵隊に、今日でもそれが生きていることは驚きであるが、流行に流されず本質を追求するからだろう。「連結ピン」組織については、リッカート（1964）参照。

28 *MCDP6 Command and Control*, Chapter2, Command and Control Theory.

29 U. S. Marine Corps, *The Rifleman's Creed*. 第1部第2章の注22を参照。

30 現代哲学の課題の一つは、主観と客観の心と物の対立、いわゆる二元論的ないし二項を乗り越えることにある。現象学の立場は、仏教や西田哲学の「心身一如」のプロセスを神秘化せず、可能な限り意識の分析との理論的整合性を保ちつつ、記述・説明しようとする。詳しくは、山口（2004）第3章を参照されたい。

31 Hotvet（2016）.

32 フリードマン（2001）三三頁。

33 メタファーの基本的文献として、レイコフ他（1986）を参照されたい。

34 帆船時代の海兵隊員にはレザー・カラーが支給されたが、戦闘の時に首を切り落とされない防御カラーであった。以降海兵隊を「レザーネック」という喩えで呼ぶようになった。

35 Brown（2015）, pp. 52-55.

36 Grazier（2015）, pp. 57-60.

37 The Ellis Group（2017）, pp. 80-83.

38 Neller（2016）, p. 5.

39 Fleischaker (2015).
40 野中・紺野（2012）、Freedman（2013）、野中・廣瀬・石井（2013）。
41 Simpson (2012).
42 マッキンタイア（1993）。
43 Heckman et al.（2001）、タフ（2013）、ダックワース（2016）。
44 ドレイファス他（1987）。
45 毛（1951）。
46 フロネシスについては、荒木（2008）、荻野（2013）を参照されたい。
47 Ricks (1997), pp. 196-197.
48 Horton (2012).
49 詳しくは、Nonaka & Toyama（2007）、野中・紺野（2007）、野中・遠山・平田（2010）、野中・竹内（2011）、野中・廣瀬・平田（2014）、野中（2014）、野中・荻野（2014）などを参照。
50 シネック（2015）は、海兵隊の例を引き合いにした利他型リーダーシップ論である。
51 影響力（パワー）の基盤は、一般的に合法力（公式権限）、報奨力（報酬権限）、強制力（名罰権限）、専門力（専門知識）、情報力（情報量）、同一力（一体感）に分類されるが、共同化力で既述したように、同一力のパワーの範囲が最も広くかつ深いとされている。
52 ブルックス（2017）。
53 セルズニックは、機能を超えた存在価値を組織に注入する「目的の制度的身体化」を率先するリーダーシップを制度的リーダーシップと呼び、それが組織の高潔（integrity）という独自能力

（distinctive competence）になると主張する。セルズニック（1963）。

54　性向（disposition）は、「配置」とも訳される。世界は配置であり、人間は配置によって態勢づけられている。この概念はアリストテレスに由来する。アリストテレスは、人間は善という価値を目的とする可能態（エネルゲイア）であり、習慣によって行為に先立つ性向や態勢を可能態から現実態へ移行させると主張した。柳澤（2008）五〜一七頁。

55　知的資本については、エドビンソン他（1999）、パットナム（2006）、野中・遠山・平田（2010）、野中・紺野（2012）などを参照。

56　Nelson et al.（1982）, Nonaka & Toyama（2002）.

57　Putnam（1995）.

58　Cohen et al.（2001）.

59　海兵隊と企業経営の関係については、カッツェンバック他（2000）、クレモンス他（2002）などを参照。

60　Nonaka, Hirose and Takeda（2016）を参照。

61　U. S. Marine Corps（2005）.

62　スレッジ（2008）二四六頁。

63　河野（2013）。

64　マンチェスター（1984）三九一頁。

65　野中・紺野（2012）三一二〜三一九頁参照。

66　以前は、心臓や脳という体の臓器に「心」が存在すると考えられていたが、近年は「心」が脳だけに存在するのではなく、体全体に拡がっており、さらに周りの環境との相互作用を通じて体の外の環境にも拡がっていると考える「拡張された心」（extended mind）という概念が提案されている。感覚や知覚や行動は、体と環境の相互作用であり、「心」はそれらの相互作用から生まれてくる。

67 プラグマティズムの基本的な考え方は、「経験から得られた知識のうち、効果のあるものこそが真理である」（truth is what works）というものだ。観念論の行きすぎが南北戦争をもたらしたという深い反省から、アメリカで生まれた哲学である。一般的に実用主義、実際主義などと訳され、行為や実践のなかに機能的に意味や真理を見出そうとする方法論である。人が真に重要な判断をするとき、決断のための十分な根拠がなく、明確な答えがないことが多い。ウィリアム・ジェームズは、そのような場合は自らの信念に依拠するしかないという。そして、その信念を行動に移し、事後的に評価してそれが望ましい結果をもたらしたなら、それを暫定的に真理とする。まちがったら絶えず修正すればよいというのである。現代のアリストテレスともいわれるジョン・デューイは、日常生活の中で善いものを道徳的な善ととらえると同時に、それへと向かって経験の質を変えていく成長の過程こそが善である、とする。真理や善などの理想は実践によってのみ到達できるという考え方である。このような哲学は、アメリカ海兵隊の実験主義的アプローチのなかにも継承されている。

68 Miller（2016）.

69 例えば、Wood（2015）.

70 Brown（2016）.

71 Lasater, et al.（2016）を参照。

72 加護野（2007）、アベグレン（2002）参照。アベグレンはこう指摘している。「日本的経営で最も重要な価値観が終身雇用制であるが、私が最初に指摘した日本企業特有の終身的な契約関係「ライフタイム・コミットメント」と、その後、スローガンになった「終身雇用制」ではニュアンスが異なる。「ライフタイム・コミットメント」とは企業と従業員とが雇用期間に結ぶ契約のことで、「死ぬまで面倒をみる」ことではない。本来の意味の「ライフタイム・コミットメント」は、半世紀前と変わっていないし、変えるべきではない」。

第Ⅱ部第1章

1 Clausewitz, p. 119. この未完成の古典は、間違いなく戦争の性質と理論についての最も権威ある論稿である。すべての海兵将校の必読書である。

2 Liddell Hart（1974）, p. 323.

3 Vandegrift（1944）, p. 7.

4 「戦争は、大規模な決闘にほかならない。無数の決闘が戦争を構成しているが、一組のレスラーをイメージすることによって戦争の全体像が思い浮かぶ。互いに自分の意志を相手に物理的な力で強要しようとする。彼の即時の狙いは、さらなる抵抗を不可能にするために対戦相手を投げ飛ばすことである」。Clausewitz, p. 75. 以下も参照。Beyerchen（1992）。

5 Clausewitz, p. 121.

6 Clausewitz, p. 595.

7　戦場の直接体験とその反応について書かれた書として、Sajer（2001）がある。第二次世界大戦中に東部戦線でのドイツ軍歩兵としての著者の実体験が生々しく描かれている。

8　「心の優しい人々は、もちろん、流血なしに敵を武装解除させ、打ち負かすことができる何らかの巧妙な方法があると思うかもしれない。そして、これこそが戦争のアートの真の目標と想像するかもしれない。これは心地よい考えであるが、間違った考えであると言わざるをえない。戦争はあまりにも危険な活動であり、優しさに根ざす間違いは最悪である……」「問題は戦争をどう見るかである。戦争の残虐さゆえに戦争の現実から目を背けるのは空論であり間違っている」。Clausewitz, pp. 75-76.

9　戦闘に対する人間の反応に関する洞察的な研究が Marshall（1947）である。彼の研究方法には批判もあるが、著者のこの点に関する洞察には価値がある。

10　The American Heritage Dictionary（1983）.

11　ナポレオンは以下のように明確な数字を示しており、頻繁に引用されている。「戦争では精神と物質の比率は三対一である」。Tsouras（1992）, p. 266.

第Ⅱ部第2章

1　Clausewitz, p. 87.

2　Sun, p. 85.　クラウゼヴィッツの『戦争論』と並んで孫子の『兵法』はすべての海兵将校の必読リストに加えるべきである。簡潔でわかりやすく、『兵法』は今日でも、紀元前四〇〇年当時とまったく同じように重要な作品である。

3　Churchill (1923), p. 5. この下りには続きがある。「国家の基盤や名将たちの名声を築いた軍事的アートとみなされる戦いのほとんどが機動戦である。それは、新たな手法や装置、奇妙で迅速で予想外の襲撃や戦略などによって敵を打ち砕くものである。そして大抵の場合、勝利者の損害は小さい。偉大な指揮官の性質としては、以下のものが要請される。豊かな常識や論理力、想像力のみならず、敵を打ち負かし困惑させる独特で腹黒いやり方、つまり陰険な要素が必要とされる。軍事的名将は、殺戮を抑えながらも勝利を確実にする才能を持っている。そのため、彼らはこのような高い名声を誇っているのである……」「戦争にはさまざまな機動があるが、戦場で起こる機動はほんの一部である。機動は側面遠くやはるか後方で行われる。時間、外交、方法、心理における機動もある。それらは、すべて直接戦場で見られなくても、戦争に決定的影響を与える。それらの目的は目標達成にむけ、殺戮以外の簡単な方法を見出すことである」。

4　Clausewitz, pp. 69, 87. 軍事力は国力にとって代わるものではなく、国力を補足するものである、と認識することが重要だ。クラウゼヴィッツは六〇五頁でこの有名な考えを次のように明言している。「われわれは、戦争とは単に政治的交渉の延長線上に他の方法を加えたものにすぎない、と考える。われわれはあえて「他の方法を加えた」と表現したのは、戦争は政治的交渉を中断することもなければ、それをまったく別のものに変えることがないことを明確にしたいからである」。

5　Clausewitz, pp. 87-88.

6　「殲滅」(annihilation) という用語は、多くの人にとって敵の兵力と兵器すべてを物理的に完全に破壊することを意味する。これが実施されるのはまれであり、その必要もない。その反面、

「無能化」（incapacitation）は文字どおりの意味であり、敵の軍事的抵抗能力を破壊することである。Delbrück（1975-1985）のとくに第4巻第4章を参照。

7　「侵食戦略」（strategy of erosion）は、古典的な軍事戦略においては「消耗戦略」（strategy of attrition）として知られる。これらの概念は同じである。消耗戦の戦術的概念との混同を避けるために、「侵食」という単語を使う。

8　戦争の戦略的レベル：「国家が、しばしば国家連合の一員として、国家や多国連合や同盟の安全保障の目標や指針を決定し、国家資産をこの目標達成のために開発・活用する戦争のレベルである。このレベルでの活動は、国家や多国連合の軍事目標の確立、主導権の順序づけ、国力における軍事力や他の手段の限界の認定やリスクの評価、これらの目標達成のためのグローバルな計画や戦域計画の立案、戦略計画に対応した軍事力や他の能力の提供である」（Joint Pub 1-02, *DOD Dictionary of Military and Associated Terms.*）

9　国家戦略（大戦略ともいう）：「国家の目的を確実にするために、平時でも戦時でも、国家の軍事力と共に政治的、経済的、心理的な力を開発し活用するアートとサイエンス」（Joint Pub 1-02, *DOD Dictionary of Military and Associated Terms.*）

10　軍事戦略：「軍事力の行使や威嚇によって国家政策の目的を確実にするために国家の軍事力を使用するアートとサイエンス」（Joint Pub 1-02, *DOD Dictionary of Military and Associated Terms.*）

11　戦争の戦術的レベル：「戦術部隊や任務部隊に割り当てられた軍事目的を達成するために戦闘や交戦を計画し、実行する戦争のレベル。このレベルでの活動は、戦闘目的達成に向け、部隊間や敵との間において秩序だった配置や機動に集中する」（Joint Pub 1-02, *DOD Dictionary of Mili-*

tary and Associated Terms.)

12 戦争の作戦的レベル：「戦域や作戦領域内で戦争目的達成に向けた軍事活動や主活動が計画され、実行され、継続される戦争のレベル。このレベルでの活動は、戦略目的達成のために必要な作戦目的を策定し、作戦目的達成のための活動を順序だて、これらの行動を開始し持続させるために資源を使うことによって、戦術と戦略を結びつける。これらの活動は、戦術に比べて時空間の領域がより広範囲になることを示している。そして、戦術部隊の兵站や管理的支援を確保し、戦術的成功が戦略的目的の達成のために有効に使われるような手段を提供する」（Joint Pub 1-02, *DOD Dictionary of Military and Associated Terms.*）

13 Clausewitz, p. 357.

14 Clausewitz, p. 528.

15 消耗−機動の連続面《スペクトラム》に関する卓越した議論と、消耗と機動の歴史的事例については、以下を参照されたい。Luttwak (1987), pp. 91-112.

16 戦闘力（combat power）：「ある一定の時間内に、軍の部隊や編成が敵を破壊する／妨害する（どちらか、あるいは両方の目的の）ための手段のすべて」（Joint Pub 1-02, *DOD Dictionary of Military and Associated Terms.*）

17 Clausewitz, p. 194.

18 テンポは、「意思決定サイクル」「ＯＯＤＡループ」、あるいは「ボイド・サイクル」といったさまざまな概念で知られる精神的プロセスと関連づけられることが多い。これは、ジョン・ボイドが「紛争のパターン」という講義で提唱した概念である。ボイドは、観察（Observation）、情勢判断（Orientation）、意思決定（Decision）、実行（Action）という精神的プロセスの四ステップを特定した。彼は次のように理論化した。紛争の各当事者は、まず状況を観察する。次に、その観察をもとに状況を判断、すなわち状況を見積もる。さらに、その状況判断をもとに意思決定する。最後に、その決定を実行する、すなわち行動する。その行動によって新たな状況が創られ、プロセスが再び始まる。サイクルをより速く完了する者がそれぞれのサイクルで付加される優位性を獲得する、とボイドは主張した。比較すると、敵の反応はますます遅くなり、ついには能力を発揮できずに、行動で負ける。（未刊の講義ノート "A Discourse on Winning and Losing: The Patterns of Conflict," August 1987.）

19 Clausewitz, p. 198.

20 Clausewitz, p. 190.

21 Clausewitz, pp. 485, 595-596を参照。重心（centers of gravity）：「軍隊が、行動の自由、物理的力、戦う意欲を源泉とする性質、能力、場所」（Joint Pub 1-02, *DOD Dictionary of Military and Associated Terms*.）

第Ⅱ部第３章

1 Seeckt（1930), p. 123.

2 FMFRP 12-46, Advanced Base Operation in Micronesia, August, 1992, p. 41. FMFRP 12-46 はアール・H・エリス少佐による作戦計画七一二号の再版である。

3 戦力立案：「軍事的能力の創造と維持に関連する計画立案。それは、軍事省と軍隊の責任であり、国防長官から軍に関連する省や軍隊までの行政的統制のもとに行われる」（Joint Pub 1-02, *DOD Dictionary of Military and Associated Terms.*）

4 ドクトリン：「軍隊ないしはその要素が国家目的を支援するための活動を導く根本原理。権威はあるが、適用に際しては判断を必要とする」（Joint Pub 1-02, *DOD Dictionary of Military and Associated Terms.*）

5 Field Manual 100-5, Tentative Field Service Regulations: Operations, published by the War Department, Washington, D. C.: Government Printing Office, 1939, p. 31.

6 「一人の指揮官の大胆な行動が、大失敗になることがある。しかし、それは賞賛されるべき失敗であり、他の失敗と同じだと見なしてはならない。タイミングの悪い大胆さが頻発する軍はむしろ幸せである。それは贅沢な雑草であり、土壌の豊かさを示している。無鉄砲さ——すなわち目的のない大胆さ——さえも軽蔑《けいべつ》されるべきではない。それは、思慮によって抑制されていない情熱から出たものであるとしても、基本的には勇敢さを源としているからである。大胆さが服従に反するとき、あるいは、明示された命令に反抗して無視するときにのみ、危険な攻撃として対処しなければならない。阻止しなければならないのは、大胆さではなく、命令への不服従である。戦争において、服従は何よりも大切だからである」。Clausewitz, pp. 190-191.

第Ⅱ部第４章

1 Sun, p. 101.

2 Sun, p. 134.

3　Slim (1956), pp. 550-551.

4　機動：「任務遂行のため、敵に対して優位な立場を得るために、火力、または火力の可能性を組み合わせた活動による戦場での武力行使」(Joint Pub 1-02, *DOD Dictionary of Military and Associated Terms.*)

5　ボイドは暗黙的コミュニケーションを指揮系統の手法として以下の論文で紹介している。'A Discourse on Winning and Losing: An Organic Design for Command and Control.'

6　「影響領域」と「関心領域」という用語がある。影響領域：「指揮官の命令や統制のもと、機動や火力支援システムによる作戦に指揮官が直接的に影響を及ぼすことが可能な地理的範囲」。関心領域：「影響領域、それに隣接する領域、さらに現在もしくは予定されている作戦の目的に合わせて敵地までを含む。この領域には、任務達成を危うくする可能性のある敵に占領されている領域も含む」(Joint Pub 1-02, *DOD Dictionary of Military and Associated Terms.*)

7　Patton (1979), p. 354.

8　司令と統制という文脈では、任務命令と統制とも呼ばれる。任務戦術は大綱命令の使用を含む。大綱命令：「いかに達成されるべきかについて指示することなしに、任務遂行を部隊に命令すること」(Joint Pub 1-02, *DOD Dictionary of Military and Associated Terms.*)

9　Gelerter (1991), pp. 51-53.「もし「洞察」が内部の深いところに浸透することによって得られた解明ならば、「大局観」は頭上高く優位な点から見えてくるものである。それは、部分が全体と適合している全体像を表す、つまり全体を明らかにする鳥瞰図である」

10　任務：「取るべき行動とその理由を明示した目的と任務」(Joint Pub 1-02, *DOD Dictionary of Mil-

itary and Associated Terms.）

11 「reconnaissance pull」と「command push」という用語は以下を参照。Lind（1985), pp. 18-19.

おわりに

『アメリカ海兵隊』（一九九五年）を執筆してから二二年の月日が経った。前著は、海兵隊に関心を持ってから刊行するまでに一五年かかり、本書はそれからさらに二二年かかっているので、かれこれ三七年間、私は第三者として海兵隊に関わってきたことになる。今回は、前著でやり残した仕事としての「海兵隊の本質の理論化」を試みた。

知的機動力というのは、ざっくり言ってしまうと、組織の根本に人間を据え、環境に身体化された／拡張された「心」を以って組織内の人と人を繋げ、鍛え、社会のために奉仕していく組織的努力を指す。つまり、海兵隊においては、鍛え抜かれたブレない「人の心」や「信念／思い」が知的機動力を突き動かす原動力となっているのである。『アメリカ海兵隊式経営』（二〇〇一年）の著者デビッド・Ｈ・フリードマンはこう語る。

海兵隊のマネジメント原則は、人間性と不確かで激変する状況についてのシンプルな真理に基づいている。これらの原則は、いかなる組織においても重要な意味をもつ。海兵隊と他の組織の違いをあげるならば、海兵隊ではそれらの原則に自分たちの生命を託してきた点である。みずからの生死がかかっていることほど、物事を誤りなくやり遂げようとする動機として適切なものはあるまい。

海兵隊の出発点は、いかに隊員の生命を守りながら、組織としての存在価値を証明し、社会に奉仕をするのか、という信念にあるのだ。それらの目標の達成手段として、組織の規模と状況にあった機動戦という概念やＭＡＧＴＦという組織構造、その他もろもろの最新技術や制度を駆使しながら、実践しているのである。戦後徐々に日本社会で薄れていっている、人間の根本的な燃えたぎる意思や信念、生きざまを中軸に据えるという考え方は、われわれ日本人が海兵隊からもう一度学びなおさなくてはならない部分なのかもしれない。

本書は「知的機動力」という概念で、海兵隊という強い組織の本質を切ってみたが、書き終わった今、海兵隊にはまだまだ価値のある有用な組織原理が残っているように感じてならない。本書を通して述べてきたわれわれの理論も、いわば海兵隊そのものが時々刻々と改善を重ねていっているのと同じように、まだまだ進化の余地がある。海兵隊も、われわれの理論を受け入れたわけではない。本書を契機に、海兵隊に関する新たな事実関係の指摘や知的機動力の理論に対する批判を含め、海兵隊関連の知的議論が日本国内で盛り上がることを期待しつつ、今後も引き続きこの組織の研究には携わっていきたい。

本書執筆にあたっては、海兵隊の公刊資料と多くの著作を参考にさせていただいた。参考文献は記載したが、とりわけ、河津幸英（2008, 2013）、北村淳・北村愛子（2009）を参考にさせていただいた。文献に加えて、海兵隊関係の方々にいくつかのインタビューも行い、そこでの内容も反映させていただいたが、今後はもう少し大々的な実地調査もやっていければと思う。

本書の完成に向けては、多くの人々のお世話になった。原稿に丹念なコメントを寄せていただいた多くの人々に心から感謝したい。とりわけ、自衛隊関係者では、三原光明、磯部晃一、番匠幸一郎、山本頼人、山下要、兵庫剛の各氏、海兵隊関係者では、故マイク・マンスフィールド、故ロバート・K・グリーン、T. K. Hobbs、Grant R. Newsham、J. C. Goff、David Banning、陸軍ではJames Hirai、空軍ではLeonard Kosinskiの各氏である（所属や役職は省略させていただく）。

また、原稿の執筆と翻訳を支援してくれた人々、川田弓子、廣瀬文乃、平田透、宇野宏泰、野際法子、Blair Odo、石井喜英、小針憲一、とりわけ前著の時に研究助手だった梅本勝博（北陸先端科学技術大学院大学名誉教授）には、今回も全原稿と翻訳のブラッシュアップに大いなる貢献をしてもらった。また、山口一郎氏（東洋大学名誉教授）には十年来、現象学を中心にご指導いただき、示唆を与えてもらった。

さらに編集にあたっては、中央公論新社の太田和徳、小野一雄両氏に長い忍耐と適切なる助言をいただいた。

これらの人々との共同体の上に本書は成ったと思う。心から謝意を表したい。私の妻、幸子も含めて本当にありがとう。

本書は、日本の未来を背負う人々に捧げたいと思う。国家経営を担う政治家、官僚、そして日々実践を通じて戦っている企業人、特に若い人への、われわれからの熱いメッセージである。したたかに強く生き抜く組織についてのヒントを、ぜひ本書から得てもらえれば幸いである。

日本の安全保障については、イデオロギーの二項対立のままでは一歩も前進しない。理想主義と現実主義の二面性のダイナミズムを「いま・ここ」の現実のただ中で実践すべき時ではないだろうか。現実を見ながら、現実主義者と理想主義者が建設的な知的バトルを戦わせてほしい。

企業人には、リスクを取りに行く積極果敢の精神で、オーバー・アナリシス、オーバー・プラニング、オーバー・コンプライアンスを創造的に破壊し、全人的な知の創造に構成員全員がコミットする「全員経営」を実現してほしい。人と人と環境とを「心体」でつなぐ「組織・環境一心体」の経営に立ち返り、日本のさらなる社会的発展に貢献していってもらいたい。

特に日本の若人には歴史を学び、過去から未来を構想し、未来を実現するための物語や戦略を描く力を磨いてほしい。不確実性や不透明性が増す時代においては、自分たち自身で独自の存在価値やコンセプトを生みだし、新たな時代を築いていかなければならないからだ。

日本全体が知的機動力を発揮し、発展できるか。将来、その真価が問われるとき、本書が少しでも貢献できていれば幸甚である。

二〇一七年五月十日　八十二歳の誕生日に　　野中郁次郎

文庫版あとがき

本書を出版して、五年が経過した。当時の「経営学・組織論の研究者として数十年、数え切れないほどの組織を研究してきたが、アメリカ海兵隊ほど興味深い組織に出遭ったことがない」（本書三頁）という思いは、依然変わらない。海兵隊は創設以来、知的機動力を発揮・練磨しながら無限に自己変革し続ける組織モデルであり、今なお、現在進行形で進化を遂げている。

アメリカ軍史研究者であるステファン・R・ターフェ（Stephen R. Taaffe）は、海兵隊は、太平洋戦争において、水陸両用作戦を実戦でやり抜くことができなければ、海軍基地の守備、艦上警備と偵察任務を務める支援部隊という位置づけで終わっていただろう、と指摘している（『Commanding the Pacific: Marine Corps Generals in World War II』、二〇二一年）。実のところ、海兵隊にとって大きな転換点となった「海から陸へ《フロム・ザ・シー》」という「水陸両用作戦」という概念《コンセプト》は、真珠湾攻撃の二〇年前にアール・エリス少佐によって提唱されたが、太平洋戦争まで実戦を経験していなかった。海兵隊は、屈強な日本軍への最終攻撃のために島嶼を占領する只中で、資源が限られても水陸両用作戦を実行し、作戦としての完成度を上げていった。つまり、概念《コンセプト》を創造するだけでなくやり抜くことで、自らの存在意義を証明していったのである。

第二次世界大戦後、国際環境は激変したが、海兵隊は、その間も、時代の文脈に合わせて自らの存在目的を創造、実践することを決して怠たらなかった。

海兵隊は、現在、水陸両用作戦以来の大規模な変革に取り組んでいる。二〇二〇年三月末、デビッド・バーガー総司令官が率いる海兵隊は「フォース・デザイン二〇三〇」を発表した。その内容は、陸上戦力を大幅に削減する一方で、海軍との統合戦力にシフトし、海軍の作戦に寄与する態勢への転換を提案するものだ。いわばエリス少佐の「海から陸へ」という原点に回帰すると同時に、「陸から海へ」という改革構想だ。

大きな組織変革に踏み切ったバーガー総司令官は、「我々は、漸進的な改善変更や旧来の能力の改善バージョンなどの中途半端な勧告を受け入れることはできない」とその覚悟を示した。海兵隊は、この「フォース・デザイン二〇三〇」についても、その構想を、実践を通じて見直し、二〇二一年四月、二〇二二年五月と、年次改訂を重ねている。

日本でも、ようやく二〇一八年に陸上自衛隊に水陸機動団が新編され、アメリカ海兵隊との共同演習を行っている。思えば、自衛隊もその存在意義を問われ続けている組織である。水陸機動団における実践が、自衛隊全体の自己革新につながっていくであろう。

「『われわれは、なぜ存在するのか』という存在目的について、絶えずWhyを問い続けている。海兵隊は、いつも予算が潤沢な組織ではないが、考えることにコストはかからない」

これは、横田基地に勤務するアメリカ海兵隊幹部の言葉である。彼を紹介してくれたのは、私の教え子である現アメリカ空軍中将のレオナルド・Ｊ・コシンスキーだ。一橋大学ＭＢＡコース一期生で私のゼミ生だった彼は、卒業後二〇年近く経って、在日米軍トップの一人として横田基地に赴任し、アメリカ海兵隊や空軍、そして航空・陸上自衛隊の幹部との勉強会を定期的に開催してくれた。

勉強会で、私が海兵隊幹部にぶつけたのは、「どうして海兵隊は、自ら革新できる組織であり続けることができるのか」という問いだった。一人ひとりが現状に満足することなく、絶えず存在目的について問う（妥協なき対話による無限追求）という、彼の答えに、アメリカ海兵隊の自己革新する組織としての「生き方（a way of life）」の真髄を見たのである。

海兵隊は、様々な圧力、葛藤にさらされ続けるなかで、「あれか、これか」の二項対立（dichotomy）ではなく、「あれも、これも」の二項動態（dynamic duality）で、組織としてのその時々の最善を集合的に見出してきた。思えば、水陸両用作戦も、海と陸を総合する二項動態思考の実践と練磨から生まれたのだ。職掌を問わず全員がライフルマンであり、自律的に動く知的体育会系集団として育成されているからこそ、二項動態が可能なのであろう。

日本はまだ「失われた三〇年」と評される停滞から抜け出せていない。しかし、海兵隊員の一人として硫黄島で戦い、負傷したジェームズ・アベグレンが一九五八年に、日本的経営の「三種の神器」として洞察したように、アメリカ海兵隊で共有されている「生涯、海兵隊員（Once a Marine, Always a Marine.）」など、個人と組織、あるいは組織と組織が一心体となってイノベーションに向かう行動規範《スクリプト》と通底するものが、日本的経営には確かに存在していた。

先の読めない変化の激しい時代だからこそ、二四〇年という長い年月を生き抜いてきたアメリカ海兵隊の「生き方」を学び、日本的経営のＤＮＡに刻まれた行動規範を呼び起こし、本質的な対話と実践を通じて自己革新していくべきではないだろうか。

二〇二二年十二月

野中郁次郎

1950, New York: Penguin Books.

Sajer, Guy (2001), *The Forgotten Soldier*, Lincoln, NE: University of Nebraska Press, originally published in French as *Le soldat oublié*, 1965.

Santamaria, Jason A., Vincent Martino, and Eric K. Clemons (2004), *The Marine Corps Way*, New York; London: McGrow-Hill.

Seeckt, Hans von (1930), *Thoughts of a Soldier*, trans. G. Waterhouse, London: Ernest Benn Ltd.

Seymour, Margaret (2015), “Intel Isn’t Broken”, *Marine Corps Gazette*, August 2015.

Simmons, Edwin Howard (2002), *The United States Marines: A History*, 4th edition, Annapolis: Naval Institute Press.

Simpson, Emile (2012), *War from the Ground Up: Twenty-first Century Combat as Politics*, New York, NY: Oxford University Press.

Slim, William Joseph (1956), *Defeat into Victory*, London: Cassell & Co.

Sun Tzu（孫子）(1963), *The Art of War*, trans. Samuel B. Griffith, New York: Oxford University Press.

Tsouras, Peter G. (1992), *Warriors’ Words: A Dictionary of Military Quotations*, London: Arms and Armour.

U. S. Marines (1980), *Marine Corps Manual*.

U. S. Marine Corps (1996), *MCDP 6 Command and Control*, October 4, 1996.

U. S. Marine Corps (2005), *Leading Marines*, University Press of Pacific.

U. S. Marine Corps (2013), *Concepts & Programs; America’s Expeditionary Force in Readiness*.

U. S. Navy (2002), *Sea Power 21: Projecting Decisive Joint Capabilities*.

Vandegrift, A. A. (1944), “Battle Doctrine for Front Line Leaders,” Third Marine Division.

Wood, Christopher J. (2015), “Marine Corps Innovation: The Need for Reawakening,” *Marine Corps Gazette*, November 2015.

Wood, Christopher J. (2016), “The Crossroads of Adaptation,” *Marine Corps Gazette*, February 2016.

Murray, Williamson (2011), *Military Adaptation in War: with Fear of Change*, Cambridge: Cambridge University Press.

Myers, Michael Warren (2015), *The Pacific War and Contingent Victory: Why Japanese Defeat was not Inevitable*, Lawrence, KS: University Press of Kansas.

Neller, Robert B. (2016), "A Message from the Commandant of the Marine Corps", *Marine Corps Gazette*, March 2016.

Nelson, Richard R. & Sidney G. Winter (1982), *An Evolutionary Theory of Economic Change*, Cambridge, MA: Belknap Press of Harvard University Press.

Nonaka, Ikujiro & Ryoko Toyama (2002), "A Firm as a Dialectical Being: Towards a Dynamic Theory of a Firm," *Industrial and Corporate Change*, 11 (5), 2002.

Nonaka, Ikujiro & Ryoko Toyama (2007), "Strategic Management as Distributed Practical Wisdom (phronesis)," *Industrial and Corporate Change*, 16 (3), 2007.

Nonaka, Ikujiro, Ayano Hirose and Yusaku Takeda (2016), "'Meso'-Foundations of Dynamic Capabilities: Team-Level Synthesis and Distributed Leadership as the Source of Dynamic Creativity," *Global Strategy Journal*, 6 (3), 2016.

O'brien, Philips Payson (2015), *How the War Was Won: Air-sea Power and Allied Victory in World War II,* Cambridge, United Kingdom: Cambridge University Press.

Osinga, Frans P. B. (2007), *Science, Strategy, and War: The Strategic Theory of John Boyd*, London; New York: Routledge.

Patton, George S., Jr. (1979), *War As I Knew It*, New York: Houghton Mifflin Harcourt, first published in 1947.

Popaditch, Nick (2012), *The Ultimate Recruit Training Guidebook: A Drill Instructor's Strategies and Tactics for Success*, El Dorado Hills, CA: Savas Beatie.

Putnam, Robert D. (1995), "Tuning in, Tuning out: The Strange Disappearance of Social Capital in America," *Political Science and Politics* 28 (4), 1995.

Richards, Chester W. (2004), *Certain to Win: The Strategy of John Boyd, Applied to Business*, Philadelphia, PA: Xlibris.

Ricks, Thomas E. (1997), *Making the Corps*, New York; London: Scribner.

Russ, Martin (2000), *Breakout: The Chosin Reservoir Campaign, Korea*

Grazier, Daniel R. (2015) "A Manœuvre Renaissance," *Marine Corps Gazette*, June 2015.

Hammond, Grant Tedrick (2001), *The Mind of War: John Boyd and American Security*, Washington, D. C.: Smithsonian Institution.

Heckman, James J. & Yona Rubinstein (2001), "The Importance of Noncognitive Skills: Lessons from the GED Testing Program," *American Economic Review*, 91 (2), May 2001.

Hobbs, T. K. (2013), "Adoption of Maneuver Warfare Philosophy as the Foundation for Japanese Self Defense Force Doctrine," Research Paper, May 2013.

Hoffman, Jon T. (2002), *USMC: A Complete History*, Marine Corps Association.

Horton, Daryl (2012), "From Smart Weapons to Smart Marines: Developing The Knowledge Warrior," The Creative Intelligence Corner, October 5, 2012. https://thecic.wordpress.com/2012/10/05/from-smart-weapons-to-smart-marines-developing-the-knowledge-warrior/

Hotvet, Josh (2016), "The Art of Debrief," *Marine Corps Gazette*, January 2016.

Isely, Jeter Allen & Philip Axtell Crowl (1951), *The U. S. Marines and Amphibious War*, Princeton: Princeton University Press.

Krulak, Victor H. (1984), *First to Fight: An Inside View of the U. S. Marine Corps*, Annapolis, MD: United States Naval Institute.

Lasater, Shelby, et al. (2016), "Book Review Essay: Scales on War," *Marine Corps Gazette*, November 2016.

Liddell Hart, Basil Henry (1974), *Strategy*, 2nd ed., New York: New American Library. ベイジル・ヘンリー・リデルハート『リデルハート戦略論――間接的アプローチ』上下巻，市川良一訳，原書房，2010年

Lind, William S. (1985), *Maneuver Warfare Handbook*, Boulder, CO: Westview Press.

Luttwak, Edward N. (1987), *Strategy: The Logic of War and Peace*, Cambridge, MA: Belknap Press of Harvard University Press.

Marshall, Samuel Lyman Atwood (1947), *Men Against Fire: The Problem of Battle Command*, New York: William Morrow and Co.

The Marine Officer's Guide (1977), 4 th ed., Annapolis: Naval Institute Press.

Miller, Russell B. (2016), "The Drywall ceiling," *Marine Corps Gazette*, January 2016.

Brown, Ian T. (2015), "Opening the Loop," *Marine Corps Gazette*, June 2015.

Brown, Ian T. (2016), "The Grand Ideal," *Marine Corps Gazette*, February 2016.

Churchill, Winston S. (1923), *The World Crisis. Volume II: 1915*, New York: Charles Scribner's Sons.

Clark, Arthur J. (2010) "Empathy and Sympathy: Therapeutic Distinctions in Counseling," *Journal of Mental Health Counseling*, 32 (2), April 2010.

Clausewitz, Carl von (1976), *On War*, ed. and trans. Michael Howard & Peter Paret, Princeton: Princeton University Press.

Cohen, Don, & Laurence Prusak (2001), *In Good Company: How Social Capital Makes Organizations Work*, Boston: Harvard Business School Press.

A Cooperative Strategy for 21st Century Seapower (2015), March 2015.

Coram, Robert (2002), *Boyd: The Fighter Pilot who Changed the Art of War*, Boston: Little, Brown.

Couch, Dick (2014), *Always Faithful, Always Forward: The Forging of a Special Operations Marine*, Berkley Caliber.

Damian, Fideleon II (2008), "The Road to FMFM 1 : The United States Marine Corps and Maneuver Warfare Doctrine, 1979-1989," Master's thesis, Kansas State University.

Delbrück, Hans (1975-1985), *History of the Art of War within the Framework of Political History*, trans. Walter J. Renfroe, Jr., Westport, Conn.: Greenwood Press.

Fleischaker, Nathan A. (2015), "Military Leadership and Narrative," *Marine Corps Gazette*, November 2015.

Ford, Daniel (2010), *A Vision so Noble*, Durham, NH: Warbird Books.

Freedman, Lawrence (2013), *Strategy: A History*, Oxford: Oxford University Press, USA.

Ellis, Earl H. (2015), *21st Century Ellis: Operational Art and Strategic Prophecy for the Modern Era*, ed. B. A. Friedman, Annapolis: Naval Institute Press.

The Ellis Group (2017), "21st Century Reconnaissance," *Marine Corps Gazette*, January 2017.

Gelerter, David Hillel (1991), *Mirror Worlds, or The Day Software Puts the Universe in a Shoebox...: How It Will Happen and What It Will Mean*, New York; Oxford: Oxford University Press.

年戦略』沢田博訳，新潮社
メルロ＝ポンティ，モーリス（1982）『知覚の現象学』中島盛夫訳，法政大学出版局・叢書ウニベルシタス
毛沢東（1951）『毛沢東選集』第1巻，中国・人民出版社
森本敏（2013）『オスプレイの謎。その真実』海竜社
柳澤田実編（2008）『ディスポジション――配置としての世界　哲学、倫理、生態心理学からアート、建築まで、領域横断的に世界を捉える方法の創出に向けて』現代企画室
山口一郎（2004）『文化を生きる身体――間文化現象学試論』知泉書館
山口一郎（2005）『存在から生成へ――フッサール発生的現象学研究』知泉書館
山口一郎（2009）『実存と現象学の哲学』放送大学教育振興会
山口一郎（2012）『現象学ことはじめ――日常に目覚めること』改訂版，日本評論社．初版2002年
吉岡猛（2013）「イラク戦争における戦後処理戦略――「サージ戦略」への転換とその背景分析」『海幹校戦略研究』3巻1号，2013年5月
ラマチャンドラン，V・S（2013）『脳のなかの天使』山下篤子訳，角川書店
リッカート，R（1964）『経営の行動科学――新しいマネジメントの探求』三隅二不二訳，ダイヤモンド社
リゾラッティ，ジャコモ＆コラド・シニガリア（2009）『ミラーニューロン』柴田裕之訳，茂木健一郎監修，紀伊國屋書店
リベット，ベンジャミン（2005）『マインド・タイム――脳と意識の時間』下條信輔訳，岩波書店
レイコフ，G＆M・ジョンソン（1986）『レトリックと人生』渡部昇一他訳，大修館書店
渡辺幹雄（1996）『ハイエクと現代自由主義――「反合理主義的自由主義」の諸相』春秋社．増訂改題（2006）『ハイエクと現代リベラリズム――「アンチ合理主義的リベラリズム」の諸相』春秋社
渡部悦和（2016）『米中戦争――そのとき日本は』講談社現代新書

Ashby, W. Ross (1956), *An Introduction to Cybernetics*, London: Chapman & Hall.
The American Heritage Dictionary (1983), New York: Dell Publishing Co.
Beyerchen, Alan (1992), “Clausewitz, Nonlinearity, and the Unpredictability of War,” *International Security,* 17 (3), Winter 1992.
Boyd, John R. (1976), “Destruction and Creation,” September 3, 1976.

ピーターズ，トム（1989）『経営革命』上下巻，平野勇夫訳，ティビーエス・ブリタニカ

福田毅（2009）「米国流の戦争方法と対反乱（COIN）作戦――イラク戦争後の米陸軍ドクトリンをめぐる論争とその背景」『レファレンス』59巻11号，2009年11月

布施哲（2014）『米軍と人民解放軍――米国防総省の対中戦略』講談社現代新書

フッサール，エドムント（1995）『ヨーロッパ諸学の危機と超越論的現象学』細谷恒夫・木田元訳，中公文庫．原著1954年

フッサール，エトムント（2012）『間主観性の現象学　その方法』浜渦辰二・山口一郎監訳，ちくま学芸文庫

フッサール，エトムント（2013）『間主観性の現象学 2　その展開』浜渦辰二・山口一郎監訳，ちくま学芸文庫

ブーバー，マルティン「(1967)「我と汝・対話」『ブーバー著作集』第1巻、田口義弘訳、みすず書房

フリードマン，デビッド・H（2001）『アメリカ海兵隊式経営――最強のモチベーション・マネジメント』白幡憲之訳，ダイヤモンド社

ブルックス，デイヴィッド（2017）『あなたの人生の意味――先人に学ぶ「惜しまれる生き方」』夏目大訳，早川書房

ポラニー，マイケル（1985）『知と存在――言語的世界を超えて』M・グリーン編，佐野安仁・澤田充夫・吉田謙二監訳，晃洋書房．原著1969年

ポラニー，マイケル（1986）『個人的知識――脱批判哲学をめざして』長尾史郎訳，ハーベスト社．原著1958年

ポラニー，マイケル（1989）『科学・信念・社会』中桐大有・吉田謙二訳，晃洋書房．原著1964年

ポランニー，マイケル（2003）『暗黙知の次元』高橋勇夫訳，ちくま学芸文庫．原著1966年

前野隆司（2017）「AIに実現できない心の領域　「心の質感」が創造性の源泉になる」『DIAMONDハーバード・ビジネス・レビュー』2017年5月号

マッキンタイア，アラスデア（1993）『美徳なき時代』篠崎栄訳，みすず書房

マンチェスター，ウィリアム（1984）『回想　太平洋戦争――アメリカ海兵隊員の記録』猪浦道夫訳，コンパニオン出版

宮本武蔵（2009）『五輪書』ウィリアム・スコット・ウィルソン英訳，松本道弘現代語訳，講談社インターナショナル

ミラー，エドワード（1994）『オレンジ計画――アメリカの対日侵攻50

西垣通（2016）『ビッグデータと人工知能──可能性と罠を見極める』中公新書

ニミッツ，チェスター・W＆エルマー・B・ポッター（1962，新装版1992）『ニミッツの太平洋海戦史』実松譲・冨永謙吾共訳，恒文社

野中郁次郎（1974）『組織と市場──市場志向の経営組織論』千倉書房．増補新装版（2014）『組織と市場──組織の環境適合理論』千倉書房

野中郁次郎・加護野忠男・小松陽一・奥村昭博・坂下昭宣（1978，新装版2013）『組織現象の理論と測定』千倉書房

野中郁次郎（1990）『知識創造の経営──日本企業のエピステモロジー』日本経済新聞社

野中郁次郎（1995）『アメリカ海兵隊──非営利型組織の自己革新』中公新書

野中郁次郎・竹内弘高（1996）『知識創造企業』梅本勝博訳，東洋経済新報社

野中郁次郎・紺野登（2003）『知識創造の方法論──ナレッジワーカーの作法』東洋経済新報社

野中郁次郎・紺野登（2007）『美徳の経営』NTT出版

野中郁次郎・遠山亮子・平田透（2010）『流れを経営する──持続的イノベーション企業の動態理論』東洋経済新報社

野中郁次郎・竹内弘高（2011）「「実践知」を身につけよ　賢慮のリーダー」『DIAMONDハーバード・ビジネス・レビュー』2011年９月号

野中郁次郎・紺野登（2012）『知識創造経営のプリンシプル──賢慮資本主義の実践論』東洋経済新報社

野中郁次郎編著（2013）『戦略論の名著──孫子、マキアヴェリから現代まで』中公新書

野中郁次郎・廣瀬文乃・石井喜英（2013）「知識機動力経営──知識創造と機動戦の総合」『一橋ビジネスレビュー』61巻３号

野中郁次郎（2014）「チャーチルにみる「危機のリーダーシップ」」，戸部良一編『近代日本のリーダーシップ──岐路に立つ指導者たち』千倉書房

野中郁次郎・荻野進介（2014）『史上最大の決断──「ノルマンディー上陸作戦」を成功に導いた賢慮のリーダーシップ』ダイヤモンド社

野中郁次郎・廣瀬文乃・平田透（2014）『実践 ソーシャルイノベーション──知を価値に変えたコミュニティ・企業・NPO』千倉書房

パットナム，ロバート・D（2006）『孤独なボウリング──米国コミュニティの崩壊と再生』柴内康文訳，柏書房

ハーフォード，ティム（2012）『アダプト思考──予測不能社会で成功に導くアプローチ』遠藤真美訳，武田ランダムハウスジャパン

和見訳，ちくま学芸文庫
グロスマン，デーヴ&ローレン・W・クリステンセン（2008）『「戦争」の心理学――人間における戦闘のメカニズム』安原和見訳，二見書房
ケネディ，ポール（2013）『第二次世界大戦影の主役――勝利を実現した革新者たち』伏見威蕃訳，日本経済新聞出版社
河野哲也（2013）「海洋・回復・倫理――ウェザー・ワールドでの道徳実践」，河野哲也編『知の生態学的転回3　倫理――人類のアフォーダンス』東京大学出版会
サイモン，ハーバート・A（1987，第3版1999，1987年新版は原著第2版の翻訳）『システムの科学　新版』稲葉元吉・吉原英樹訳，パーソナルメディア
サイモン，ハーバート・A（2009）『経営行動――経営組織における意思決定過程の研究　新版』二村敏子・桑田耕太郎・高尾義明・西脇暢子・高柳美香訳，ダイヤモンド社
シネック，サイモン（2015）『リーダーは最後に食べなさい！――最強チームをつくる絶対法則』栗木さつき訳，日本経済新聞出版社
シービオク，T・A&J・ユミカー＝シービオク（1994）『シャーロック・ホームズの記号論――C. S. パースとホームズの比較研究』富山太佳夫訳，岩波書店，同時代ライブラリー．初版1981年
下條信輔（2008）『サブリミナル・インパクト――情動と潜在認知の現代』ちくま新書
スレッジ，ユージン・B（2008）『ペリリュー・沖縄戦記』伊藤真・曽田和子訳，講談社学術文庫
スローン，エリノア（2015）『現代の軍事戦略入門――陸海空からサイバー，核，宇宙まで』奥山真司・関根大助訳，芙蓉書房出版
セルズニック，P（1963）『組織とリーダーシップ』北野利信訳，ダイヤモンド社
ダックワース，アンジェラ（2016）『やり抜く力――人生のあらゆる成功を決める「究極の能力」を身につける』神崎朗子訳，ダイヤモンド社
谷光太郎（1993）『アーネスト・キング――太平洋戦争を指揮した米海軍戦略家』白桃書房．改訂版（2015）『海軍戦略家キングと太平洋戦争』中公文庫
タフ，ポール（2013）『成功する子　失敗する子――何が「その後の人生」を決めるのか』高山真由美訳，英治出版．原著2012年
ドレイファス，ヒューバート・L&スチュアート・E・ドレイファス（1987）『純粋人工知能批判――コンピュータは思考を獲得できるか』椋田直子訳，アスキー

立』ちくま学芸文庫
加護野忠男（1980）『経営組織の環境適応』白桃書房
加護野忠男（2007）「年功序列・終身雇用に着目」『日本経済新聞』2007年5月15日
カッツェンバック，ジョン・R＆ジェイソン・A・サンタマリア（2000）「ミッション、価値観、誇りを教え込む海兵隊に学べ　顧客接点の社員を活性化させる5つの手法」『DIAMONDハーバード・ビジネス・レビュー』2000年1月号
金子一秀（2015）『スポーツ運動学入門』明和出版
河津幸英（2008）『図説アメリカ海軍の超戦闘艦＆有事作戦——米海軍改革「シー・パワー21」に見る次世代兵器とシミュレーション』アリアドネ企画
河津幸英（2013）『図説アメリカ海兵隊のすべて——地球規模の対テロ戦争・アジア有事・大災害に即応展開する陸・海・空一体の遠征軍』アリアドネ企画
キーザーズ，クリスチャン（2016）『共感脳——ミラーニューロンの発見と人間本性理解の転換』立木教夫・望月文明訳，麗澤大学出版会
北村淳・北村愛子編著（2009）『アメリカ海兵隊のドクトリン』芙蓉書房出版
北村淳編著（2012）『海兵隊とオスプレイ』並木書房
ギデンズ，アンソニー（2015）『社会の構成』門田健一訳，勁草書房
キャリソン，ダン＆ロッド・ウォルシュ（1999）『アメリカ海兵隊式最強の組織——ビジネスで勝ち抜くための法則』小幡照雄訳，日経BP社
國藤進（2006）「ナレッジマネジメントによる〝知の共鳴〟」『情報処理』47巻9号，2006年9月
クラーク，アンディ（2012）『現れる存在——脳と身体と世界の再統合』池上高志・森本元太郎監訳，NTT出版
クランシー，トム（2006）『トム・クランシーの海兵隊』上下巻，橋本金平訳，東洋書林
栗本慎一郎（1988）『意味と生命——暗黙知理論から生命の量子論へ』青土社
クレフェルト，マーチン・ファン（2010）『戦争文化論』上下巻，石津朋之監訳，原書房
クレモンス，エリック・K＆ジェイソン・A・サンタマリア（2002）「最小限の経営資源で競争優位を築く　ビジネスに勝利する海兵隊の戦略」『DIAMONDハーバード・ビジネス・レビュー』2002年7月号
グロスマン，デーヴ（2004）『戦争における「人殺し」の心理学』安原

参考文献

アベグレン，ジェームズ（1958）『日本の経営』占部都美監訳，ダイヤモンド社．新訳版（2004），山岡洋一訳，日本経済新聞社

アベグレン，ジェームス（2002）「新しい日本的経営を」『日経産業新聞』2002年9月5日

甘利俊一（2016）『脳・心・人工知能――数理で脳を解き明かす』ブルーバックス

荒木勝（2008）「アリストテレス政治学における知慮（フロネーシス）の位相」『思想』1006号，2008年2月

飯田隆他編（2008）『岩波講座哲学5　心／脳の哲学』岩波書店

池谷裕二（2009）『単純な脳，複雑な「私」――または、自分を使い回しながら進化した脳をめぐる4つの講義』朝日出版社．再刊（2013），ブルーバックス

石川幹人（2012）『人間とはどういう生物か――心・脳・意識のふしぎを解く』ちくま新書

ヴァレラ，フランシスコ，エヴァン・トンプソン，エレノア・ロッシュ（2001）『身体化された心――仏教思想からのエナクティブ・アプローチ』田中靖夫訳，工作舎．

内井惣七（1988）『シャーロック・ホームズの推理学』講談社現代新書

エドビンソン，リーフ＆マイケル・S・マローン（1999）『インテレクチュアル・キャピタル　知的資本――企業の知力を測るナレッジ・マネジメントの新財務指標』高橋透訳，日本能率協会マネジメントセンター

エルドリッヂ，ロバート・D（2017）『トモダチ作戦――気仙沼大島と米軍海兵隊の奇跡の〝絆〟』集英社文庫

大熊康之（2011）『戦略・ドクトリン統合防衛革命――マハンからセブロウスキーまで米軍事革命思想家のアプローチに学ぶ』かや書房

荻野弘之（2013）「「賢慮」（フローネシス）について――アリストテレスにおける知識と行為の一側面」，上智大学哲学科『哲学科紀要』39号

カー，ニコラス・G（2015）『オートメーション・バカ――先端技術がわたしたちにしていること』篠儀直子訳，青土社

笠谷和比古（2016）『士（サムライ）の思想――日本型組織と個人の自

『知的機動力の本質』二〇一七年五月　中央公論新社刊

中公文庫

知的機動力《ちてききどうりょく》の本質《ほんしつ》

――アメリカ海兵隊《かいへいたい》の組織論的研究《そしきろんてきけんきゅう》

2023年1月25日　初版発行

著　者　野中郁次郎《のなかいくじろう》

発行者　安部 順一

発行所　中央公論新社
〒100-8152　東京都千代田区大手町1-7-1
電話　販売 03-5299-1730　編集 03-5299-1890
URL https://www.chuko.co.jp/

DTP　市川真樹子
印　刷　三晃印刷
製　本　小泉製本

Published by CHUOKORON-SHINSHA, INC.
Printed in Japan　ISBN978-4-12-207307-4 C1131

各書目の下段の数字はISBNコードです。978－4－12が省略してあります。

と-18-1
失敗の本質 日本軍の組織論的研究
戸部良一／寺本義也／鎌田伸一／杉之尾孝生／村井友秀／野中郁次郎
大東亜戦争での諸作戦の失敗を、組織としての日本軍の失敗ととらえ直し、これを現代の組織一般にとっての教訓とした戦史の初めての社会科学的分析。
201833-4

S-25-1
シリーズ日本の近代 逆説の軍隊
戸部良一
近代国家においてもっとも合理的・機能的な組織であるはずの軍隊が、日本ではなぜ〈反近代の権化〉となったのか。その変容過程を解明する。
205672-5

さ-85-1
組織の盛衰 決定版
堺屋太一
日本史における巨大組織の盛衰から、組織の「死に至る病」を検証し、未来への処方箋を提案する。二十年以上にわたる組織論研究の集大成に、著者解説を付した決定版。
207217-6

き-46-1
組織の不条理 日本軍の失敗に学ぶ
菊澤研宗
個人は優秀なのに、組織としてはなぜ不条理な事をやってしまうのか？　日本軍の戦略を新たな経済学理論で分析、現代日本にも見られる病理を追究する。
206391-4

き-46-2
命令の不条理 逆らう部下が組織を伸ばす
菊澤研宗
日本の組織に必要なのは、勇気ある部下の「命令違反」と、それを許容するマネージメントだった！『組織の不条理』への解答篇。『「命令違反」が組織を伸ばす』改題。
207280-0

い-108-6
昭和16年夏の敗戦 新版
猪瀬直樹
日米開戦前、総力戦研究所の精鋭たちが出した結論は「日本必敗」。それでも開戦に至った過程を描き、日本的組織の構造的欠陥を衝く。〈巻末対談〉石破　茂
206892-6

い-108-7
昭和23年冬の暗号
猪瀬直樹
東條英機はなぜ未来の「天皇誕生日」に処刑されたのか。敗戦国日本の真実に迫る『昭和16年夏の敗戦』完結篇。新たに書き下ろし論考を収録。〈解説〉梯久美子
207074-5

ク-7-1
補給戦 何が勝敗を決定するのか
M・v・クレフェルト
佐藤佐三郎 訳
ナポレオン戦争からノルマンディ上陸作戦までの戦争を「補給」の観点から分析。戦争の勝敗は補給によって決まることを明快に論じた名著。〈解説〉石津朋之
204690-0